E-Book inside

Mit dem Kauf dieses Buchs erhalten Sie das zugehörige E-Book gratis. Sie können dabei aus drei Dateiformaten wählen: EPUB (gängiges Format für E-Reader und Tablets), PDF (für PC und Laptop) oder MOBI (für den Amazon Kindle). So kommen Sie an Ihr kostenloses E-Book:

Rufen Sie im Internet diese Website auf:
↗ http://www.junfermann.de/ebook-inside

Geben Sie den unten stehenden Code in das dafür vorgesehene Feld ein und klicken Sie → Code einlösen. Nach Eingabe Ihrer E-Mail-Adresse und Auswahl des E-Book-Formats erhalten Sie sofort einen Download-Link für das gewünschte E-Book an Ihre E-Mail-Adresse.

Bitte beachten Sie, dass der Code für Sie personalisiert wird und nur einmal gültig ist. Die Datei müssen Sie zunächst auf Ihrem Computer speichern, bevor Sie sie auf ein mobiles Endgerät überspielen können.

K717PQKL

Al Weckert, Christian Bähner, Monika Oboth & Jörg Schmidt

Praxis der Gruppen- und Teammediation

Methoden und Visualisierungsvorschläge

Buch + Video-Tutorials + digitale Flipchartvorlagen

www.junfermann.de

blogweise.junfermann.de

www.facebook.com/junfermann

twitter.com/junfermann

www.youtube.com/user/junfermann

www.instagram/junfermannverlag

AL WECKERT, CHRISTIAN BÄHNER,
MONIKA OBOTH & JÖRG SCHMIDT

PRAXIS DER GRUPPEN- UND TEAMMEDIATION

METHODEN UND VISUALISIERUNGSVORSCHLÄGE

Buch + Video-Tutorials + digitale Flipchartvorlagen

2., überarb. Auflage

Junfermann Verlag
Paderborn
2021

© der deutschen Ausgabe Junfermann Verlag, Paderborn 2011
2., überarb. Auflage, 2021

Coverfoto © 2020 Gerain0812/Shutterstock.
No use without permission.

Covergestaltung Junfermann Druck & Service

Satz Peter Marwitz, Kiel (etherial.de)

Bibliografische Information der Deutschen Nationalbibliothek Die Deutsche Nationalbibliothek verzeichnet diese Publikation in der Deutschen Nationalbibliografie; detaillierte bibliografische Daten sind im Internet über
↗ http://dnb.d-nb.de abrufbar.

ISBN 978-3-7495-0294-3
Dieses Buch erscheint parallel als E-Book
ISBN: 978-3-7495-0295-0 (EPUB), 978-3-7495-0296-7 (EPUB für Kindle), 978-3-7495-0297-4 (PDF).

Inhalt

Vorwort 9

TEIL I: WAS PASSIERT IN EINER MEDIATION? 11

1. Was ist Mediation? 13
Geschichte der Mediation 14
Konfliktmodell 15
Die sieben Phasen der Mediation in Gruppen und Teams 17

2. Besonderheiten von Gruppen 19
Eigenschaften von Systemen 22
Ränge und Hierarchien 25

3. Interne und externe Mediation 28

4. Prozessdesign 31

5. Methodenwechsel 33
Einführung von Methoden 34

6. Zu zweit mediieren 36

7. Aktives Zuhören 38

8. Der Tanz auf dem Vulkan 40

9. Umgang mit Eskalation 43
Umgang mit Gruppeneskalation 44
Doppeln 45

10. Visualisierung für jede Mediationsphase 48
Das kleine 1 x 1 der Visualisierung 51

TEIL II: METHODEN DER MEDIATION VON GRUPPEN UND TEAMS 53

11. Phase 1: Der sichere Rahmen 55
Begrüßung durch das Mediationsteam 57
Vereinbarungen zu Vertraulichkeit, Verantwortung und Gesprächsregeln 59
Das Mediationsteam stellt seine Rolle und den Verfahrensablauf vor 62
„Ich bin hier, weil …“ 64
Meine Investition 66
Erwartungsplakate 68

12. Phase 2: Themen erheben und priorisieren 71
Zeitungsmethode 73
Sternpositionierung 76
Meine Sicht der Dinge 78
Gruppenbild 80
Themen priorisieren 82
Themenliste 82

13. Phase 3: Die Sichtweisen darstellen und erhellen 84
Kontrollierter Dialog 86
Räumliche Aufstellung 88
Autoteile 91
Problemdreieck 93
Teamschiff 95
GFK-Formular 97
Kleine Mediation 100
Stimmungsabfrage mit Skalierung 102

14. Phase 4: Lösungen entwickeln 104
Brainstorming 105
Kopfstandmethode 107
Visionäre, Zweifler und Realos 110
Kuchenstücke 112

15. Phase 5: Vereinbarungen treffen 114
Computerprotokoll 115
Aktionsplan 117

Vereinbarungen auf Zuruf und Unterschrift unter die Vereinbarungen 119
Stimmungsabfrage mit Symbolen und Abreise: Koffer, Papierkorb, Edelstein 120
Verabschiedung durch das Mediationsteam 122

Weiterführende Literaturhinweise 124
Hinweise zu den Video-Tutorials 126
Hinweise zur digitalen Nutzung der Flipchart-Vorlagen 127
Zu den Autoren 128

Vorwort

Mediation ist in der Wirtschaft angekommen! Betrachtet man die Entwicklung der letzten Jahre, dann macht diese Mut. Heute wird Mediation in einer großen Anzahl von Unternehmen praktiziert, wie man am Beispiel des „Round Table Mediation und Konfliktmanagement der deutschen Wirtschaft“ sieht. Als Vision hat sich der „Round Table“ die Verankerung von Konfliktmanagement in Unternehmen gewählt. Die zugehörige Mission lautet: „Wir etablieren Mediation und andere Konfliktlösungsmethoden in der deutschen Wirtschaft und unterstützen Unternehmen hierbei.“

Damit geht eine Trendwende einher. Hat man in der ersten Hälfte der Dekade noch kaum etwas über Wirtschaftsmediation gelesen, finden sich heute in renommierten Tageszeitungen und Magazinen Informationen und Interviews zum Thema Konfliktlösung in Unternehmen. Mediation wird darin als wichtigstes Werkzeug besonders betont.

Was macht den Unterschied von Mediation in Unternehmen und „klassischer“ Mediation aus? Nur bei einem kleinen Teil innerbetrieblicher Konflikte sind zwei oder drei Konfliktparteien involviert, wie es die große Mehrheit in der Familienmediation ausmacht. Meist handelt es sich um Konflikte, die in Abteilungen oder Teams schwelen. Natürlich sind die Verfahrensschritte der Mediation dieselben. Das Handwerkszeug der Mediatorinnen und Mediatoren unterscheidet sich jedoch teilweise erheblich. Gute Lösungen, an deren Erarbeitung viele Personen beteiligt sind, erfordern vielfältige, situativ passende Methoden.

In vielen innerbetrieblichen Mediatorenpools, wie z.B. in dem bei SAP, sind Mediatoren nicht hauptamtlich tätig, sondern führen Mediationen nebenberuflich durch. Dies ist durchaus gewollt, da die Mitarbeiterinnen und Mitarbeiter die Stimmung im Unternehmen oder auch Änderungen in der Unternehmenskultur selbst „live“ erfahren, was nach unserer Einschätzung zu besseren Mediationen führt.

Das vorliegende Buch bietet Mediatoren eine immense Erleichterung, weil Erfahrungswissen und viele wichtige Tipps in Form von Einsatzbeispielen vermittelt und die Anwendung aller Methoden in Filmausschnitten gezeigt wird. Gerade die praktischen Umsetzungshinweise erleichtern jungen Mediatorinnen und Mediatoren den Einstieg in die Teammediation. Aber auch „alte Hasen“ schauen gerne einmal nach, wie die eine oder andere neue Methode das eigene Repertoire vervollständigt.

Die Qualität der Mediationen wird sicher steigen. Das ist das Ziel bei Mediation in Unternehmen und Organisationen. Deswegen wünsche ich dem Buch „Praxis der Gruppen- und Teammediation“ viel Erfolg und große Verbreitung.

Jürgen Briem
Leiter Konfliktmanagementsystem der SAP AG

Teil I:
Was passiert in einer Mediation?

1. Was ist Mediation?

Mediation ist ein Verfahren der Konfliktvermittlung, das für Unternehmen und Organisationen überzeugende Vorteile bietet. Im Unterschied zu Gerichtsurteilen oder Schiedsverfahren klärt Mediation Konflikte, ohne Sieger und Verlierer zu hinterlassen. Mediation führt zu Ergebnissen, die von allen Seiten als gerecht empfunden werden. Die Beziehungen der Streitparteien gelangen in ein neues stabiles Verhältnis. Im Vergleich zu anderen, insbesondere juristischen Verfahren, sinken die Kosten der Streitbeilegung erheblich.

Eine Mediation ist sinnvoll, wenn Streitparteien nicht mehr in der Lage sind, ihren Konflikt allein zu lösen. Das Mediationsteam ist in das Thema nicht verwickelt und deshalb inhaltlich neutral. Es unterstützt die Streitparteien durch eine Verfahrensstruktur mit fünf bzw. sieben Phasen. Wichtiger als die Methode ist jedoch die wertschätzende Grundhaltung des Mediationsteams. Auf der Suche nach Lösungen führt es die Streitparteien durch das „Nadelöhr" der gegenseitigen Einfühlung. Das Mediationsteam lebt den Streitparteien Offenheit und Verständnis vor und gibt Empathie, wenn die Parteien starke Gefühle wie Schmerz, Wut oder Enttäuschung spüren.

Mediation bearbeitet mit hoher Effizienz komplexe Sach- und Verfahrensprobleme und wirkt sich insbesondere auf die Beziehungsebene positiv aus. Indem verloren gegangener Respekt gegenüber abweichenden Sichtweisen wieder hergestellt wird, nimmt Mediation Einfluss auf die weitere Zusammenarbeit der Beteiligten. Mediation ist aus diesem Grund für soziale Systeme, deren Mitglieder sich häufig begegnen und die gemeinsam arbeiten oder leben, auf vielen Ebenen attraktiv.

Streitparteien wissen selbst am besten, was für sie eine gute Konfliktlösung darstellt. Dieses Wissen geht jedoch im Verlauf eines Streits erfahrungsgemäß unter. Die Parteien versteifen sich auf Forderungen, die mit gegenseitigen Schuldzuweisungen garniert vorgetragen werden und beim Gegenüber Ärger und Widerstand auslösen. Am Anfang einer Mediation stehen sich die Konfliktparteien in der Regel Stirn an Stirn gegenüber und verbrauchen ihre ganze Kraft für den nächsten verbalen Keulenschlag.

Das Mediationsteam wendet sich bewusst von Diskussionen um einzelne Forderungen ab. Es richtet den Blick geduldig auf bisher unerfüllte Bedürfnisse der Streitparteien, die den Konflikt ausgelöst haben (und in Form ständig neuer Forderungen weiter befeuern). Das Mediationsteam hilft den Beteiligten, die Bedürfnisse der anderen Seite verstehen zu lernen, ohne mit deren Handlungsweise einverstanden sein zu müssen. Fast immer erfährt die Auseinandersetzung im „magischen Augenblick" des gegenseitigen Verständnisses eine überraschende Wendung. Die Streitparteien sehen die „guten Gründe" des Gegenübers, ohne dass sich dadurch automatisch Angst oder Zorn einstellen. Dadurch steigt die Bereitschaft an Lösungen zu arbeiten, die die Bedürfniserfüllung aller Beteiligten ermöglichen und gleichzeitig nicht auf Kosten der eigenen Interessen gehen.

Die Wendung von Konfrontation zu Kooperation gelingt in fünf Schritten, die mit der Vereinbarung eines sicheren Rahmens beginnen und über die Konfliktdarstellung, die Erhellung dahinter liegender Bedürfnisse und die Lösungssuche zu Vereinbarungen führen. Mediationsvereinbarungen sind besonders tragfähig, weil sie den Beteiligten nicht vorgegeben, sondern gemeinsam und freiwillig entwickelt werden. Entscheidend für den Erfolg einer Mediation ist die empathische Zuwendung des Mediationsteams gegenüber den Konfliktparteien, wenn diese im Stress sind und starke Gefühle zeigen, sowie die Einbeziehung aller offengelegten Bedürfnisse bei der Lösungssuche.

Geschichte der Mediation

Der Begriff „Mediation" stammt sowohl aus dem Lateinischen wie auch aus dem Griechischen. Während der griechische Begriff „medos" den Aspekt der Vermittlung und der Unparteilichkeit betont, trägt das lateinische „mederi" auch den des Heilens und des „Über-sich-Nachdenkens" in sich. Die Grundprinzipien der Vermittlung, die unser heutiges Verständnis von Mediation prägen, lassen sich in vielen Kulturen der Welt nachweisen. In Japan und China ist der Vermittlungsgedanke seit jeher hauptsächliches Mittel der Konfliktbeilegung. Sogenannte „Palaver-Bäume", unter denen Streit geklärt wird, werden in Afrika auch heute noch genutzt. Erst kürzlich zeigte ein Bild in der Zeitung zwei prominente Anführer christlicher und muslimischer Bewegungen, die unter einem solchen Baum berieten, wie sie die rivalisierenden Kämpfe ihrer Anhänger beenden könnten.

Bis zur Entwicklung eines modernen Verständnisses von Mediation musste unser Rechtsverständnis einen langen Weg zurücklegen. In babylonischer Zeit wichen die Herrscher erstmals vom Gedanken der Blutrache ab. Der Ausgleichsgedanke rückte in das Bewusstsein der Menschen. Im Mittelalter entstand die Verhandlung als Grundlage des Rechts. Aber je mehr Macht der Richter zugesprochen bekam, desto seltener wurden Anklagen eingestellt, weil Täter und Opfer sich auf einen Vergleich einigen konnten. Im 18. und 19. Jahrhundert setzte sich die Auffassung durch, dass Verbrechen als Verletzung staatlicher Regeln betrachtet werden müssen. Seitdem steht Strafe als „öffentliche Sanktion" im Mittelpunkt von Gerichtsprozessen. Die Beziehung zwischen Tätern und Opfern spielt für das Verfahren und das Urteil nur noch im Beweisverfahren eine Rolle.

Bis weit in das 20. Jahrhundert hinein sorgte Mediation allein durch politische Konfliktvermittlungen für Aufsehen. Der Dreißigjährige Krieg endete durch eine Vermittlung in Münster. Die beteiligten Mediatoren benutzten einen „Spickzettel" mit Verhaltensregeln, die sich noch heute erfolgreich anwenden lassen: Das Mediationsteam soll jede Parteilichkeit vermeiden, den Parteien keine Vorschläge machen, Geheimnisse bewahren, keine Schiedsfunktion annehmen ...

Es dauerte bis Anfang der 70er-Jahre des vergangenen Jahrhunderts, dass Mediation über einen kleinen Expertenkreis hinaus bekannt wurde. Die Bürgerrechtsbewegung der Vereinigten Staaten sorgte für ein neuartiges Bewusstsein, in dessen Folge Mediation bei heiß umkämpften Umweltkonflikten angewandt wurde. Bald wurden immer mehr Familienangelegenheiten und später Wirtschaftskonflikte an Mediatoren übertragen.

Nachdem Wissenschaftler der Harvard Universität nachweisen konnten, dass Verhandlungen mit mehreren Gewinnern bessere Gesamtergebnisse und einen wichtigen Nutzen für funktionierende Wirtschaftsbeziehungen bringen, wurde die Attraktivität des Mediationsverfahrens auch in Europa erkannt. Anfang der 90er-Jahre entstanden im deutschsprachigen Raum große Mediationsverbände, die Richtlinien zur Durchführung von Mediation erarbeiteten und ausgebildete Mediatoren zertifizieren. Heute beherbergen diese Verbände Fachgruppen zu Themen wie Wirtschaft, Familie und Partnerschaft, Planen und Bauen, Schule, Gemeinwesen, Sport oder Täter-Opfer-Ausgleich.

Aktuell verzeichnet Mediation große Wachstumsraten im Wirtschaftsbereich, speziell bei der Vermittlung in Teams- und Gruppen. Personalberater, Führungskräfte, Lehrer, Sozialarbeiter, Juristen, Trainer, Moderatoren und Mitarbeiter vieler anderer Berufszweige wenden die Haltung und die Methoden der Mediation erfolgreich in ihren jeweiligen Arbeitsfeldern an.

Konfliktmodell

Konflikte gehören zum menschlichen Miteinander wie das Gewürz zum Pfefferkuchen. Sie sind unvermeidbar, setzen unerhörte Kräfte frei und können entscheidend zur Weiterentwicklung einer Gemeinschaft beitragen. Werden Sie jedoch verschleppt oder eskalieren sie, können sie auch zersetzend wirken und Menschen oder Organisationen lähmen und schädigen.

Im Alltag erleben wir tagtäglich Meinungsunterschiede, die zu Reibung oder neuen Denkanstößen führen. Von einem Konflikt sprechen wir erst dann, wenn sich

Menschen gegenseitig behindern oder einander unterstellen, geschädigt worden zu sein. Die Triebkraft für Konflikte sind unangenehme Gefühle wie Wut, Angst oder Hilflosigkeit. Das lateinische Wort „Emotion" bedeutet: Wir bewegen uns („movere") aus („e") einem Zustand heraus, um uns zu verändern. Starke unangenehme Gefühlszustände weisen auf eklatant unerfüllte Bedürfnisse hin und führen zu vehementen Impulsen. Ob aus einem Impuls eine Meinungsverschiedenheit oder ein Konflikt, gemeinsames Wachstum oder hohe Folgekosten resultieren, hängt von der Qualität unserer Kommunikation und der Kommunikationsbereitschaft unserer Umwelt ab.

Weder starke Gefühle noch daraus resultierende Handlungen sind als solche falsch. Stellen Sie sich eine Projektmanagerin vor, der kurz vor der Präsentation für einen wichtigen Kunden die Ergebnisse ihrer Mitarbeiter fehlen. Möglicherweise hat sie die Betroffenen schon mehrfach an das Abgabedatum erinnert. Nun bekommt sie es mit der Angst zu tun, denn der Kunde ist anspruchsvoll und sorgt für hohe Umsätze. Indem sie ihre unerfüllten Bedürfnisse (zum Beispiel Sicherheit, Erfolg und Unterstützung) wahrnimmt und etwas zu ihrer Erfüllung unternimmt (sie beruft ein Special Meeting ein), steht sie für ihr Wohlergehen und ihren Erfolg ein. Nicht alle Mitarbeiter verschieben jedoch bereitwillig ihre Termine, um beim Special Meeting anwesend zu sein. Kollidieren die Strategien, mit denen die Projektmanagerin ihre Bedürfnisse erfüllen möchte, mit den Bedürfnissen ihrer Mitarbeiter, kann es zum Konflikt kommen.

Jenseits von richtig und falsch

Die Konflikte unseres Kulturkreises drehen sich überwiegend um die Frage: Wer ist schuld? Von klein auf lernen wir, uns in einer Sprache auszudrücken, die andere Menschen und deren Handlungen analysiert und beurteilt. Unser traditionelles Konfliktmodell kennt fast ausschließlich die Kategorien richtig oder falsch und führt zu einer Flut von Gerichtsprozessen, in denen eine (meist männliche) Autorität beurteilt, wer Täter und wer Opfer ist.

Mediation liefert eine Alternative zu unserem herkömmlichen Konfliktmodell. Sie fragt nicht, wer im Recht ist, sie sucht nicht nach Objektivität oder Schuld. Mediation versucht die Anliegen der Betroffenen zu verstehen und ihre Interessen deutlich herauszuarbeiten. Sie erreicht Verständnis durch wechselseitige Einfühlung. Das Mediationsteam gibt kein Urteil über die Richtigkeit von Gefühlen oder den Wert einzelner Bedürfnisse ab. Die Streitparteien erhalten Gelegenheit, nach Lösungen zu suchen, die ihre Bedürfnisse umfassend befriedigen und die sich für alle gut anfühlen.

Während ein Gerichtsurteil zwischen Gewinnern und Verlierern trennt und in der Summe (Gewinn der einen Partei minus Verlust der anderen) ein Nullsummenspiel ist, bietet das Konfliktmodell der Mediation die Chance auf einen allseitigen Gewinnzuwachs (Win-Win-Situation).

Die sieben Phasen der Mediation in Gruppen und Teams

Wenn wir in diesem Buch von sieben Phasen der Mediation sprechen, verabschieden wir uns nicht vom klassischen Fünf-Phasen-Modell, das den Ausbildungsstandards der meisten Mediationsverbände zugrunde liegt. Wie sprechen von sieben Phasen, weil die Mediation von Gruppen besondere Ansprüche an das methodische Vorgehen richtet. Schließlich wollen nicht zwei, sondern fünf, zehn oder 50 Menschen am Meinungsbildungsprozess teilhaben.

Die „Themenerhebung" und die „Erhellung der Sichtweisen", die im klassischen Fünf-Phasen-Modell die Phasen zwei und drei der Mediation ausmachen, nehmen in großen Gruppen mehr Zeit in Anspruch als in der Paarmediation. In einer Zweierkonstellation kommen die Beteiligten problemlos abwechselnd zu Wort. Sie entscheiden oft formlos darüber, mit welchem Thema sie einsteigen. In großen Gruppen hingegen erfordert die Sammlung der Themenvorschläge und die Entscheidung über die Themenreihenfolge ein eigenständiges methodisches Vorgehen. Daher haben wir diese Phasen in jeweils zwei Schritte unterteilt.

Klassisches Fünf-Phasen-Modell	Sieben-Phasen-Modell der Gruppen- und Teammediation
1 Den sicheren Rahmen schaffen	1 Den sicheren Rahmen schaffen
2 Die Themen erheben	2a Die Themen erheben
	2b Die Themen priorisieren
3 Sichtweisen erhellen	3a Die Sichtweisen darstellen
	3b Die Sichtweisen erhellen
4 Lösungen entwickeln	4 Lösungen entwickeln
5 Vereinbarungen treffen	5 Vereinbarungen treffen

In der ersten Phase stellt das Mediationsteam eine offene und angenehme Arbeitsatmosphäre her. Es empfängt die Streitparteien und schafft einen **sicheren Arbeitsrahmen**. Es liefert Informationen zum Ablauf der Mediation, trifft Absprachen zur

Vertraulichkeit und klärt Erwartungen an das Verfahren. Hier entscheidet sich, ob die Konfliktparteien Vertrauen in die Allparteilichkeit des Mediationsteams aufbauen und sich auf die Konfliktbearbeitung einlassen können.

Bei der **Erhebung der Themen** erhält das Mediationsteam einen ersten Eindruck, wie sich der Konflikt für die Beteiligten darstellt. Das Mediationsteam hört aktiv zu, stellt Verständnisfragen und visualisiert die Ergebnisse. Anschließend werden die Themen in Gruppen geordnet. Gemeinsam entscheiden die Konfliktparteien, welches „heiße Eisen" mit **Top-Priorität** angepackt werden soll.

Bei der **Darstellung der Sichtweisen** bekommt jeder Teilnehmer ausreichend Zeit, um sein Erleben wiederzugeben. Bei der **Erhellung der Sichtweisen** werden die Gemeinsamkeiten und Unterschiede der Interessen immer klarer, es entsteht Verständnis füreinander.

Wenn die Konfliktparteien Klarheit über ihre Bedürfnisse und Interessen haben, leitet das Mediationsteam zur **Lösungssuche** über. Als Lösungsideen kommen alle Vorschläge in Betracht, die möglichst viele der genannten Bedürfnisse berücksichtigen. Zum Schluss entscheiden die Konfliktparteien gemeinsam über **Vereinbarungen** in Form eines Maßnahmenkatalogs, der den Umgang miteinander für die Zukunft festlegt.

2. | Besonderheiten von Gruppen

Je größer und unterschiedlicher eine Gruppe zusammengesetzt ist, desto anspruchsvoller ist es für das Mediationsteam, effizient zu moderieren und die Bereitschaft der Beteiligten zur Mitarbeit aufrechtzuerhalten. Was bei einer kleinen Bürogemeinschaft, die sich gut kennt und ein spezielles Thema bearbeiten möchte, noch leicht erscheint, wird im Rahmen eines Treffens internationaler Außendienstmitarbeiter, die in unterschiedlichen Sprachen kommunizieren, kulturbedingt anders mit Konflikten umgehen und völlig unterschiedliche Ziele verfolgen, höchst komplex.

Einerseits möchten Mediationsteams jede Konfliktpartei hören und verstehen, insbesondere, wenn der Konflikt in der zweiten und dritten Phase der Mediation hochkocht. Andererseits ergeben sich aus einer Wortmeldung häufig vier oder fünf Diskussionsbeiträge, die bei anderen Teilnehmern weitere Impulse auslösen. Deshalb legen wir in diesem Buch großen Wert auf Visualisierung und Methoden, die Stimmungen zeitökonomisch und für alle nachvollziehbar eingefangen.

Struktur und Effizienz

Gruppen und Teams brauchen Struktur, um Sicherheit und Orientierung in der Konfliktklärung zu erleben. Diskussionen mit vielen Beteiligten erfordern eine hohe Konzentrationsleistung. Lässt die Konzentration nach oder ist viel Pfeffer in der Debatte, nehmen automatisch die Seitengespräche zu. Der Schallpegel erhöht sich durch Papiergeraschel, Hüsteln und Getränkegeklapper. Was um 9.15 Uhr noch kein Problem darstellt, wird um 16.15 Uhr leicht zum Auslöser von Kopfschmerzen. Das Mediationsteam achtet deshalb darauf, durch regelmäßige Methodenwechsel Körper und Geist arbeitsfähig zu halten. Eine ruhige Einzelarbeit kann einer Plenumsdiskussion vorangestellt werden, eine Kleingruppenarbeit an der frischen Luft kann einer Kartenabfrage im Konferenzraum folgen.

Der Auftraggeber ist dem Mediationsteam für ein ressourcensparendes Vorgehen dankbar. Mediationen von Gruppen und Teams unterbrechen häufig den Arbeitsfluss ganzer Abteilungen oder Kleinbetriebe. Die Mitarbeiter werden an ihren Arbeitsplätzen zurückerwartet, die Mediation kann nicht unbeschränkt verlängert werden. Die Kostenkalkulation gebietet dem Mediationsteam Grenzen bei der Auftragsabwicklung. Unserer Erfahrung nach erhöhen sich die Konzentration und die innere Bereitschaft zur Teilnahme drastisch, wenn die Mediation nicht am Arbeitsplatz, sondern in einem Hotel oder Tagungshaus stattfindet. Bitten Sie die Teilnehmer, in Pausenzeiten auf das Kommunizieren mit Handys und per E-Mail weitgehend zu verzichten, um nicht durch dringende Nachrichten innerlich aus der Bearbeitung des Mediationsanliegens gerissen zu werden.

Eskalation, Themenvielfalt und Führung

Die Streitparteien sind insbesondere dann für Führung dankbar, wenn das Gespräch durch gegenseitige Schuldzuweisungen, Anklagen oder kaltes Schweigen eskaliert. Von einer einzigen Aussage können mehrere Personen stark betroffen sein. Es kann aber immer nur eine Person antworten, während sich viele andere Beteiligte zurückhalten müssen. Werden diese gesehen und bietet das Mediationsteam ein nachvollziehbares Vorgehen an, um die Meinung aller einzuholen (zum Beispiel eine Rednerliste oder eine Teilung der Gruppe), bleiben alle Personen innerlich dabei, selbst wenn dies Wartezeit und Geduld erfordert. Ein Teilnehmer, der mehrfach nicht zu Wort kommt und dabei nicht wahrgenommen wird, schaltet hingegen ab.

Die Zusammensetzung der Gruppe hat in der Regel direkten Einfluss auf die Themenvielfalt. Berührt ein Thema unterschiedliche Aspekte (die Art einer Projektleitung kann zum Beispiel Einfluss auf die Projektergebnisse, die Gestaltung von Meetings, den Austausch von Informationen oder die Karriere einzelner Beteiligter haben), wird eine Diskussion schnell unübersichtlich. Die Anwesenden ermüden und können den Redebeiträgen nicht mehr folgen. Für das Mediationsteam gilt deshalb die Regel: Jeweils ein Thema zu einer Zeit besprechen. Kennzeichnen Sie das aktuelle Hauptthema durch ein Plakat oder heben Sie das gewählte Thema im Fall einer Themensammlung durch einen Pfeil optisch hervor.

Empathisches Zuhören und Visualisierung

Das Mediationsteam fasst die Redebeiträge durch aktives Zuhören immer wieder zusammen. Es bringt das Gesagte auf den Punkt und stellt den Bezug zum aktuellen Thema her. Es spiegelt nicht nur sogenannte „harte Fakten“, sondern benennt auch wahrgenommene Gefühle und Bedürfnisse. Auf diese Weise wächst in der Gruppe gegenseitiges Verständnis. Missverständnisse werden aus dem Weg geräumt und Anliegen werden trotz wachsender Informationsmenge klarer statt verwirrender.

Aktives Zuhören fordert viel Konzentration und Energie, insbesondere bei längeren Gesprächssequenzen und fortgeschrittener Tageszeit. Große Gruppen können in Phasen der Eskalation bedrohlich auf das Mediationsteam wirken. Eine klare Prozessstruktur, Visualisierung der Ergebnisse und Konsequenz beim Zusammenfassen von Teilnehmerbeiträgen halten eine Gruppe im Arbeitsfluss. Flüchten Sie niemals vor zunehmender Komplexität in immer statischere Methodenformen (wie zum Beispiel mehrere aufeinanderfolgende Kartenabfragen). Zu viel Form erdrosselt die Lebendigkeit von Kommunikation. Wenn zum Beispiel im Rahmen einer Kleingruppenarbeit eine Auseinandersetzung losbricht, in deren Verlauf das eigentliche Gruppenanliegen ausgesprochen wird (nachdem vorher stundenlang „gemauert" wurde), ist Empathie wichtiger als die Abarbeitung der Gruppenaufgabe.

Prozessorientiertes Arbeiten

Mitunter sind die Einzelheiten komplexer Themen für das Mediationsteam nicht nachvollziehbar. Im Unterschied zu Gerichtsverfahren, wo ein Urteil begründet werden muss, braucht das Mediationsteam häufig keine detaillierten Sachkenntnisse. Mediatoren bewegen sich wie „Blinde am Rande eines Labyrinths". Sie folgen dem, was im Prozess ausgesprochen oder gezeigt wird, und verzichten auf eine Beurteilung des Gesagten. Sie erspüren, auf welche Weise Bewegung in einen Konflikt kommt und ob sich die Beteiligten im Verlauf wohler oder unwohler fühlen. Indem sie dicht am Puls der Streitparteien arbeiten, zeigen sich immer feinere Facetten der Konfliktlandschaft. Mit zunehmendem Vertrauen in die Arbeit des Mediationsteams werden die Streitparteien beweglicher in ihren Rollen. Sie lernen die Bedürfnisse der anderen kennen und gehen neue Verbindungen ein.

Die Mischung macht's

Das Mediationsteam folgt den Impulsen der Gruppe, geht ohne eigene Hintergedanken mit der Bewegung im Prozess mit. Situativ bietet es Methoden an, die für den Moment einen neuen Schlüssel zum Verständnis liefern. Indem es zusammenfasst, visualisiert und den Bezug zu den Teilnehmerinteressen verdeutlicht, dient das Mediationsteam den Gruppenbedürfnissen. Die Mischung macht's: Struktur, Flexibilität, Visualisierung, Methodenvielfalt und verständnisförderndes Zuhören sind die Hauptbestandteile einer gelungenen Gruppen- und Teammediation.

Eigenschaften von Systemen

Der Ausdruck System ist vom griechischen Begriff „systema“ abgeleitet und bedeutet übersetzt „Zusammenstellung“. Es gibt natürliche Systeme wie Ozeane oder Wälder und künstliche Systeme wie ein Auto oder das Internet. Die Bestandteile von Systemen (im Beispiel des Waldes: Bäume, Unterholz, Pilze, kleine und große Tiere ...) ergeben zusammengenommen eine geordnetes Ganzes, das sich als Einheit von seiner Umwelt abgrenzt.

Auch Unternehmen und Organisationen stellen Systeme dar, deren Mitglieder an einer gemeinsamen Aufgabe oder für ein gemeinsames Ziel arbeiten. Führungskräfte und Mitarbeiter bilden neue Einheiten in Form von Abteilungen oder Geschäftsbereichen. Auch kleinere Einheiten wie Teams stellen eigene Systeme dar, die sich aufeinander beziehen und Bestandteile größerer Systeme wie einer Abteilung oder der Firma sind. Das Gesamtunternehmen wiederum ist Teil einer Branche, die gemeinsam mit anderen Branchen unser Wirtschaftssystem bildet.

Die Filme zeigen Gruppen, die auf sehr unterschiedliche Art miteinander vernetzt sind. Im „Landesbüro Verband für Sozialarbeit“ wird ein Gremium dargestellt, dessen hauptberufliche Mitarbeiter tagtäglich miteinander zu tun haben. Das „Berater Netzwerk“ ist ein eher loser Zusammenschluss selbstständiger Unternehmer. „Der neue Messeauftritt“ zeigt einen Verband, in dem hauptberufliche und ehrenamtliche Mitarbeiter bei Entscheidungen miteinander kooperieren. Alle drei Gruppen haben gemeinsam, dass sie eine organisatorische Einheit bilden (zum Beispiel als Landesverband), Bestandteil größerer Systeme (beispielsweise eines Bundesverbandes) sind und weitere Teilsysteme (wie kooperierende Dienstleistungsunternehmen, eine eigene Marketingabteilung oder den Vorstand) unter ihrem Dach beherbergen.

Das psychische System

Mediatoren kommen bei der Konfliktvermittlung mit vier unterschiedlichen systemischen Ebenen in Kontakt. Die erste Ebene ist die Ebene der Persönlichkeit: das psychische System. Wir gehen davon aus, dass in jedem Menschen unterschiedliche Rollen und Stimmen angelegt sind, wie zum Beispiel „der innere Richter“, „der Buchhalter“, „der joviale Spaßvogel“ oder „das verletzte Kind“. Einige dieser Stimmen und Überzeugungen zeigen sich im Konflikt. Andere kommen erst im Verlauf der Konfliktbearbeitung zum Vorschein. Häufig tragen Konfliktparteien sogar widerstreitende Stimmen zu ihrem eigenen Thema in sich.

Das Beziehungssystem

Als zweite Systemebene begegnen Mediatoren der Beziehungsebene. Im Konflikt treffen mindestens zwei psychische Systeme (nämlich die Streitparteien) und ein soziales System (die beiden Streitparteien als Bürogemeinschaft, Paar o.Ä.) aufeinander.

Das übergeordnete System und die Umwelt

Die soziale Struktur, innerhalb derer der Konflikt ausgetragen wird, bildet die dritte, übergeordnete Systemebene. Jede Organisation hat ihre eigenen Rahmenbedingungen und ihre eigene soziale Struktur. Mitarbeiterkonflikte haben ihre Ursache oft in unklaren Aufgabenverteilungen oder einer zu hohen Aufgabenbelastung. Die Lösung eines solchen Konflikts kann sich nicht auf die Mitarbeiter beschränken, sondern muss das Führungskräfteverhalten oder Teamthemen mit einschließen, wenn sie zu einer nachhaltigen Verbesserung der Situation führen soll. In solchen Fällen lautet die spannende Frage: Ist die Gesamtorganisation bereit zu hinterfragen, welche ihrer Anteile den Konflikt in der Gruppe oder im Team stützen? Als vierte Systemebene stellt die Umwelt den äußeren Rahmen (Wirtschaft, Gesetze) dar, in dem Teams agieren.

Unterschiedliche Systemebenen erfordern unterschiedliche Ansätze

Das Mediationsteam hat vor allem die erstgenannten drei Systemebenen im Blick. Zwar stehen die Beziehungen der Konfliktparteien im Mittelpunkt. Gelegentlich wirkt jedoch das psychische System einer Person (stellen Sie sich einen Mitarbeiter vor, der aus Angst seine Themen nicht benennt) oder das übergeordnete System des Unternehmen (die Vorgesetzten einer Abteilung erwarten von ihren Vertretern bestimmte Ergebnisse) so stark auf den Mediationsprozess ein, dass der Konflikt erst auf dieser Ebene bearbeitet werden muss, um an anderer Stelle endgültig geklärt werden zu können.

Jede der genannten Systemebenen erfordert eine andere Herangehensweise. Auf der Ebene der einzelnen Persönlichkeit helfen Einzelgespräche, Coachings, Supervision und gegebenenfalls Therapie. Unternehmen wählen zur Veränderung ihrer Werte, Strukturen und Abläufe Maßnahmen der Organisationsentwicklung. Bei Krisen im Team, in der Abteilung oder in der Gruppe sind Mediation, Teamentwicklungsmaßnahmen und Teamsupervision das Mittel der Wahl. Tauchen im Zusammenhang mit einer Mediation gravierende Konflikte auf der psychischen Ebene oder des übergeordneten Systems auf, kann die Mediation gegebenenfalls unterbrochen und um weitere Maßnahmen auf diesen Ebenen ergänzt werden.

Sprechen Sie als Mediator Beobachtungen zu Konflikten auf Ebenen außerhalb der Beziehungen offen an. Erst der Respekt vor der Unterschiedlichkeit der Ebenen und Klarheit darüber, was Mediation leisten kann und was nicht, machen einen nachhaltigen Mediationserfolg möglich.

Treffen Sie im Vorfeld einer Mediation eindeutige Absprachen mit den Führungskräften. Erfragen Sie ihre Bereitschaft, sie – falls notwendig – in das Mediationsverfahren einbeziehen zu dürfen. Äußern Sie diesen Vorschlag am besten im Einzelgespräch, damit die Führungskräfte nicht vor der Gruppe ihr Gesicht verlieren, wenn sie nicht einverstanden sind.

Systeme als Mobile

Systeme sind lebendige Körper. Jede Intervention (auch Mediation) verändert das Gesamtgefüge. Fragen Sie deshalb nach, welche Veränderungen vor dem Konflikt stattgefunden haben. Organisationen funktionieren wie ein Mobile. Überlegen Sie mit Ihren Klienten, wo im Unternehmen Ungleichgewichte herrschen und auf welches Entwicklungsbedürfnis die Krise hindeutet.

Symptome wandern, wenn der Krisenherd nicht an der Ursprungsstelle bearbeitet wird. Betrachten Sie Konflikte deshalb wie ein guter Arzt: Nehmen Sie den gesamten Patienten in den Blick, nicht nur den Schmerzpunkt. In der Regel wandern Konflikte „von oben nach unten". Fragen Sie Ihre Auftraggeber, ob entsprechende Hinweise gewünscht werden, wenn Sie feststellen, dass der Konflikt auf Zusammenhänge über das Team oder die Gruppe hinaus verweist. Externen Mediatoren, wie von uns im Film dargestellt, fällt es in der Regel leichter, einen Mediationsauftrag abzubrechen, wenn von Organisationsseite keine Bereitschaft gezeigt wird, diesbezügliche Wahrnehmungen anzuerkennen.

Ränge und Hierarchien

In Unternehmen und Organisationen existieren zwei für den Mediationsprozess gleichwichtige Formen von Strukturen: formale Organigramme, die Führungsaufgaben und Weisungsbefugnisse darstellen, sowie informelle Organigramme, die Ränge im Unternehmen zeigen, wie sie wirklich gelebt werden. Wenn Führungsaufgaben in Unternehmen oder Organisationen nur vage ausgefüllt werden, entstehen Unklarheiten und Kämpfe um Entscheidungshoheit. Verantwortung wird hin und her geschoben, Erfolge und Privilegien von Missgunst begleitet. Konflikte entstehen häufig als Ausdruck von Ungleichgewichten zwischen offiziellen und inoffiziellen Machtverhältnissen.

Unser Verständnis von Rängen geht auf den amerikanischen Psychotherapeuten Arnold Mindell zurück, der die „prozessorientierte Psychologie" (POP) formulierte. Gemeinsam mit seiner Frau Amy untersucht Mindell u.a. die Bedeutung, die Menschen aufgrund ihrer unterschiedlichen Ränge in beruflichen Kontexten zugeschrieben wird. Dieser Wert ergibt sich aus der Verbindung von Eigenschaften, Kompetenzen und persönlichen Ressourcen.

Verschiedene Arten von Rängen

Ränge können angeboren, selbst geschaffen oder gleichermaßen selbstbestimmt wie gegeben sein. Von Geburt an sind wir als Mann oder Frau auf unseren Geschlechtsrang festgelegt. Wir übernehmen kulturelle und politische Ränge aus unseren Herkunftsfamilien, die uns Sprache, Körperfarbe und nationale Zugehörigkeit mitgeben. Unabänderlich ist auch unser Altersrang (es sei denn, Sie sind Passfälscher allererster Güte und verfügen über einen extrem guten Schönheitschirurgen).

Im Verlauf unseres Lebens eignen wir uns weitere Ränge selbstständig an. Wir bestimmen unseren Bildungsrang, indem wir einen Schulabschluss erwerben, uns ausbilden lassen (zum Beispiel eine Zusatzqualifikation als Mediator und die Zertifizierung bei einem Bundesverband erwerben). Fortbildungen, beispielsweise bei Experten für Visualisierung, Gewaltfreie Kommunikation oder systemisches Coaching, erhöhen unseren Kommunikationsrang.

Selbsterfahrung durch Mediationspraxis und Weiterbildung steigert unseren psychologischen Rang und unseren Rang als Trainer. Die damit einhergehende Erfahrung, innere Tiefe und seelische Reife strahlen wir in Form eines spirituellen Ranges aus.

Indem wir bei Kongressen auftreten und Bücher veröffentlichen, wird uns ein intellektueller Rang zugeschrieben.

Auch unser finanzieller Status beschreibt einen Rang, der jedoch sowohl gegeben (zum Beispiel in Form einer Erbschaft) oder selbst erarbeitet sein kann. Die äußere Erscheinung ergibt aus der Summe Ihrer Gene, Ihres Kleidungsstils, Ihrer Körperpflege und Ihrer Fitness einen Schönheitsrang. Die meisten solcher sozial-gesellschaftlichen Zuschreibungen stellen eine Mischung aus selbstgeschaffenen und angeborenen Rängen dar. Mindell betont dabei, dass ein Rang nicht den Wert eines Menschen wiedergibt, sondern seine Bedeutung in einem bestimmten Zusammenhang.

Privilegien und Verantwortung

Die prozessorientierte Psychologie nennt als Vorteile hoher Ränge den Besitz von Status, Anerkennung (zum Beispiel in Form von Geld) und Entscheidungsfreiheit. Zusammengefasst nennt sie diese Vorteile Privilegien.

Mit steigendem Rang und zunehmenden Privilegien wächst jedoch auch die Verantwortung. Führungskräfte mit einem hohen Einkommen können sich ihren Urlaubsort aussuchen, fahren einen repräsentativen Dienstwagen und dürfen Weisungen erteilen. Sobald sie jedoch Führungsaufgaben vernachlässigen, tauchen im Team die ersten Konflikte auf. Auch deshalb sind bei Weitem nicht alle Menschen an Führungspositionen und den damit verbundenen Privilegien ernsthaft interessiert.

Stellen Sie sich zum besseren Verständnis eine Waage vor: Auf der einen Seite pendeln die Privilegien, auf der anderen Seite die tatsächlich wahrgenommene Verantwortung. Die Waage gerät in eine Schieflage, wenn Führungskräfte ein hohes Gehalt beziehen, aber kaum anwesend sind oder keine Entscheidungen treffen. Eine andere Form von Schieflage tritt ein, wenn ein Mitarbeiter immer stärker in die Verantwortung genommen wird, ohne einen Ausgleich durch zunehmenden Entscheidungsspielraum, Beförderung oder eine Prämie zu erhalten.

Umgang mit Ungleichgewichten bei Rängen in der Mediation

Bei Teamkonflikten ist Wertschätzung für offizielle wie inoffizielle Hierarchien und Ränge gleich wichtig. Das Mediationsteam begegnet allen Teilnehmenden mit identischem Respekt, hört jedem Beitrag gleichbleibend empathisch zu. Es arbeitet

Ungleichgewichte zwischen Aufgaben und Privilegien heraus, gibt den damit verbundenen Gefühlen Raum und erhellt die dahinter liegenden Bedürfnisse („Was brauchen Sie, um sich auf den Vorschlag von Frau Meier einzulassen?“). Die dabei entstehende Transparenz hilft der Gruppe, ein neues Gleichgewicht zu finden.

Allparteilichkeit heißt nicht, dass gegebene Ränge aufgehoben werden. Führungskräfte haben rollenspezifische Bedürfnisse. Menschen, die Entscheidungen treffen, stehen häufig unter großem Druck. Sie sind dankbar, wenn ihre Beteiligung an einer Mediation und den damit verbundenen eventuellen Risiken gewürdigt wird. Auch Auftraggeber möchten gesehen werden, wenn sie bereit sind, entsprechende Maßnahmen zu finanzieren.

Mitarbeiter bringen hingegen häufig Ohnmachtsgefühle in die Mediation mit. Sie haben wenig Einfluss auf Entscheidungen und es fehlt ihnen an Überblick zur Gesamtsituation der Organisation. Andererseits stellen sie im Unternehmen die Mehrheit dar, hinter der es sich gut verstecken lässt. Sie verfügen über den Schatz eines reichen Detailwissens, gleichzeitig ist ihre Angst vor Versetzung oder Arbeitsplatzverlust spürbar. Das Mediationsteam kann davon ausgehen, dass Mitarbeiter bei der Lösungssuche nicht über den gleichen Entscheidungsspielraum verfügen wie Führungskräfte.

Beliebtheitsskala und „Ecksitzer“

Inoffizielle Hierarchien drücken sich bei Gruppen auch in Form einer Beliebtheitsskala aus. Beliebte Mitarbeiter üben im Berufsalltag und in der Mediation einen starken Einfluss aus. Nicht immer geschieht dies zum Wohle der Gruppe und des Unternehmens. Außenseiter, sogenannte „Ecksitzer“, drücken oft unbequeme Wahrheiten aus, die zu persönlicher Isolierung führen, gleichwohl für die Konfliktlösung von elementarer Bedeutung sind. Sie sprechen die Tabus der Gruppe an. Werden die mit den Tabus verknüpften Ängste im Mediationsprozess benannt und anerkannt, kann die Gruppe Lösungen für ihre Konflikte finden und die Ecksitzer von ihrer Rolle und der damit verbundenen Ausgrenzung befreien.

3. | Interne und externe Mediation

In den letzten Jahren hat sich eine umfassende Debatte entfacht, ob nur solche Mediationsteams Neutralität und Allparteilichkeit gewährleisten können, die von außerhalb in ein Unternehmen oder eine Organisation kommen. Diese Frage ist deshalb besonders relevant, weil immer mehr Wirtschaftsbetriebe und soziale Organisationen das Konfliktlösungsmodell der Mediation zum Bestandteil ihrer Unternehmenskultur machen möchten. Als Folge dieses neuen Denkens steigen bei Ausbildungsinstituten die Anmeldezahlen von Führungskräften und engagierten Mitarbeitern.

Wenn Manager oder Mitarbeiter in ihrer eigenen Organisation oder ihrem eigenen Unternehmen mediieren, nennen wir diesen Vorgang „interne Mediation". Die Mehrzahl aller Mediationen werden nach wie vor durch externe Mediatoren geleitet, die unabhängigen Mediationsbüros angehören und für einzelne Aufträge gebucht werden. Die Anzahl interner Mediatoren ist inzwischen jedoch so stark gewachsen, dass sich ein „Round Table Mediation und Konfliktmanagement der deutschen Wirtschaft" gebildet hat, dem prominente Unternehmen wie SAP, Audi, Siemens, Bayer, ZDF, Deutsche Telekom oder E-Plus angehören.

Vor- und Nachteile interner und externer Mediation

Interne Mediatoren kennen ihren Betrieb und können Unternehmenskultur oder Fachtermini einfacher nachvollziehen. Als interne Mediatoren werden häufig Betriebsangehörige ausgewählt, die durch fachliche Autorität oder als Mensch über Ansehen verfügen. Sie können die Ideen und Betrachtungsweise der Kollegen gut einschätzen. Dadurch ist es für sie gelegentlich schwierig, den Mediationsverlauf weder durch eigene konkrete Ideen noch durch steuernde Fragen zu beeinflussen. Auch können „blinde Flecken" verhindern, dass Aussagen und Verhaltensweisen hinterfragt werden. In der fünften Phase wiederum – bei der Auswahl von Lösungen – zeigen sie ihre Stärken als „Agent of Reality", also als Prüfinstanz für die tatsächliche Eignung von Ideen.

Externe Mediatoren verbringen einige Zeit damit, das Team kennenzulernen und den richtigen Zugang zum Thema zu finden. Sie kennen weder die Konfliktkultur noch die Ränge, Hierarchien und Tabus der Gruppe. Sie wirken fremd, was manchen Teilnehmern den Zugang erschwert. Anderen Beteiligten hilft diese Position der Unabhängigkeit, sich stärker zu öffnen als gegenüber Vorgesetzten oder Betriebsangehörigen.

Speziell in Einzelgesprächen, aber auch in der Gesamtgruppe lassen sich unangenehme Dinge leichter ansprechen, wenn das Mediationsteam von außen kommt und das Unternehmen anschließend wieder verlässt.

Interne Mediatoren werden vom Unternehmen mit Aufträgen bedacht. Dabei stehen sie zwangsläufig „unter Beobachtung". Fühlen sie sich mit einem Auftrag unwohl, weil sie eine persönliche Verbindungslinie erkennen oder sie sich der Aufgabe nicht gewachsen sehen, kann die Ablehnung des Auftrags zu einem inneren Zwiespalt zwischen dem Wunsch nach Authentizität und Sorgen um Ansehen und die eigene Karriere führen. Ein professionelles internes Konfliktmanagementsystem muss deshalb berücksichtigen, dass interne Mediatoren zum Wohle des Ganzen jederzeit und ohne Angst vor Folgen Aufträge ablehnen dürfen.

Externe Mediatoren stehen vor einem anderen Spagat. Sie können jederzeit Einzelaufträge ablehnen, wenn sie ihren Ruf schützen wollen, müssen aber für ihre Existenz sorgen. Schließlich kann jeder Auftrag die Eintrittskarte in einen ganz neuen Kundenkreis mit vielen Folgeaufträgen sein.

Auch Vorgesetzte, die bei ihren eigenen Mitarbeitern als Mediatoren tätig werden, gehen stets ein gewisses Risiko ein. Scheitert das Verfahren, ist unklar, wie die Mitarbeiter und auch die eigenen Vorgesetzten mit den Erwartungen umgehen, die in die Mediation gesetzt wurden. Ängste, Sympathie und Antipathie können zu persönlicher Befangenheit führen. Gleichzeitig bietet die Nähe zu den Konfliktparteien Möglichkeiten der Kontrolle und Nachsteuerung von Vereinbarungen, wie sie externe Mediatoren nur selten erhalten.

Externe Mediatoren haben selten eine persönliche Bindung zu ihren Klienten. Der unverstellte Blick von außen kann für die Konfliktparteien äußerst gewinnbringend sein. Dies schützt allerdings nicht generell vor Befangenheit, die sich in Form von Sympathie oder Übertragungsphänomenen einstellt.

Obwohl externe Mediation noch auf Jahre die Lokomotive der Mediationsbewegung sein wird, stellt interne Mediation eine überaus erfreuliche gesellschaftliche Entwicklung dar. Der Aufbau von internen Konfliktmanagementstellen und die Ausbildung professioneller Mediatoren in Großkonzernen ist Ausdruck für eine neue Konfliktkultur und einen Bewusstseinswandel, der vor wenigen Jahren noch nicht denkbar war und große Chancen für die Gesamtgesellschaft beinhaltet.

Vorschläge zum Ablauf interner Mediation

Beginnen Sie interne Mediation stets damit, indem Sie sich bei den Konfliktparteien für das besondere Vertrauen bedanken. Sprechen Sie über Ihr eigenes Interesse an der Mediation, über Ihre eigenen Bedürfnisse. Auf diese Weise fördern Sie einen transparenten Umgang mit Ihrer besonderen Stellung als Betriebsangehöriger und einen bedürfnisorientierten Dialog. Schlagen Sie den Beteiligten, wie in unserem Film dargestellt, anschließend Gesprächsregeln vor. Widmen Sie dem Thema Vertraulichkeit eventuell höhere Aufmerksamkeit als sonst üblich. Stellen Sie zum Abschluss der ersten Mediationsphase Ihre Rolle als Mediator und das damit verbundene Vorgehen vor.

Wechseln Sie zu Beginn der zweiten Phase demonstrativ den „Hut" vom Vorgesetzen/Kollegen zum Mediator. Am besten spielen Sie diesen Hutwechsel durch eine klare Geste vor. Folgen Sie anschließend dem klassischen Mittelteil der Mediation, wie es unser Film als Phase 2a, 2b, 3a, 3b und 4 vorstellt. Bei der Themensammlung, der Abstimmung über die Themenabfolge, der Darstellung der Sachverhalte und der Erhellung der tiefer liegenden Gefühle und Bedürfnisse funktionieren alle in diesem Buch enthaltenen Methoden genau wie im Film gezeigt.

Deutliche Unterschiede gibt es in der 5. Phase der Vereinbarungen. Falls Sie als Vorgesetzter an der Mediation teilnehmen, haben Sie nun die Aufgabe, die gesammelten Lösungsvorschläge auf ihre Zielgerichtetheit und Umsetzbarkeit zu bewerten. Schließlich tragen Sie die Gesamtverantwortung für das Ergebnis. Eröffnen Sie die Verhandlung über die Vereinbarungen, indem Sie die Streitparteien einladen, die Lösungsvorschläge aus ihrem jeweiligen Verantwortungsbereich einzuschätzen. Prüfen Sie das Gesamtergebnis auch aus Ihrer eigenen Rolle und machen Sie dem Team einen Formulierungsvorschlag.

Beenden Sie die Mediation, indem Sie sich noch einmal ausdrücklich für das geschenkte Vertrauen und den damit verbundenen Beitrag für die Gesamtorganisation bedanken. Fragen Sie Ihre Mitarbeiter abschließend, wie sie aus dem Gespräch gehen und ob es weiteren Gesprächsbedarf gibt.

4. | Prozessdesign

Mediation ist ein lebendiger Prozess. Planbar sind nur die Begrüßung und der grobe Rahmen der ersten Phase, in der Absprachen zu Gesprächsregeln, Verantwortlichkeiten, Rollen, zum Zeitrahmen und zur Vertraulichkeit getroffen werden. Die Phasen zwei bis vier werden selten linear abgearbeitet. Mediatoren sind keine Mechaniker, Prognosen kommen stets zu früh. Es geht in Schleifen vor und zurück, wechselt hin und her, bis Lösungsideen geboren und eine Abschlussvereinbarung getroffen werden. Stark eskalierende Situationen erfordern bisweilen Einzelgespräche, eventuell muss der Teilnehmerkreis erweitert werden oder es kommt aufgrund der Themenfülle zu Vertagungen.

Trotz dieser Dynamik zahlt sich gründliche Vorbereitung aus. Maßgeschneiderte Methoden unterstützen die Klärungsarbeit. Eine Methode sollte zur Teilnehmerzahl passen, an die aktuelle Stimmung andocken und im optimalen Fall einen unmittelbaren Erkenntnisgewinn liefern. Wählen Sie deshalb bereits im Vorfeld für jede Phase mehrere Methoden aus, die zur Gruppe passen könnten. Aus dieser Fülle können Sie später situativ aussuchen. Achten Sie darauf, dass Materialien für sämtliche ausgewählten Methoden zur Verfügung stehen.

Die Planung einer Mediation setzt Vorkenntnisse über das Konfliktfeld und die Konfliktbeteiligten voraus. Idealerweise steht dem Mediationsteam ein Organigramm mit dem Teilnehmerfeld zur Verfügung, das offizielle oder inoffizielle Positionen und Befugnisse erklärt. Im Vorgespräch erhalten Sie häufig bereits Anhaltspunkte, um was es im Konflikt geht und wodurch der Konflikt ausgelöst wurde. Übertragen Sie die Konfliktlinien in das Organigramm. Sie erhalten als Ergebnis ein erstes aussagekräftiges Bild und Anhaltspunkte, welches Gewicht Beziehungsthemen haben.

Kalkulieren Sie Chancen, Risiken und Voraussetzungen

Jede Methode birgt Chancen und Risiken, jede Methode benötigt Voraussetzungen. Klären Sie vorab, wer direkt am Konflikt beteiligt ist, wie lange die Teammitglieder bereits zur Gruppe gehören und wie gut sie sich untereinander kennen. Manche Methoden funktionieren nur bis zu einem gewissen Grad an Eskalation, andere nur bis zu einer bestimmten Gruppengröße. Einige Methoden setzen Wissen übereinander voraus. Fragen Sie im Vorgespräch nach der Bereitschaft der Konfliktparteien, an der Klärung teilzunehmen. In manchen Gruppen müssen Sie sich Offenheit durch vertrauensbildende Maßnahmen erst erarbeiten, andere Gruppen wollen möglichst rasch Tacheles reden.

Klären Sie, was im Vorfeld bereits alles zur Konfliktklärung unternommen wurde. Gruppen können sehr ungeduldig reagieren, wenn ihre Konfliktthemen durch mehrere Experten hintereinander erforscht werden. Natürlich ist die Themenklärung auch für Ihre Arbeit wichtig. Suchen Sie in einem solchen Fall nach Methoden, die den Konfliktparteien einen neuen Blickwinkel und einen Aha-Effekt bescheren. Auf diese Weise wächst aus Widerstand neue Motivation.

Beziehen Sie die Rolle der Vorgesetzten und des Gesamtsystems (Unternehmen beziehungsweise Organisation) in Ihre Planung mit ein. Welche Strukturen befeuern den Konflikt? Lassen sich die Führungskräfte gegebenenfalls in die Mediation mit einbeziehen? Was darf bei der Mediation auf keinen Fall passieren? Informationen dieser Art geben Ihnen Sicherheit, über welche Möglichkeiten Sie im Prozess verfügen und ob Sie eher sach- oder beziehungsorientiert vorgehen. Im Methodenteil dieses Buch liefern wir Ihnen Anhaltspunkte, welche Methode sich wann eignet.

5. | Methodenwechsel

Gruppen verhalten sich in den seltensten Fällen exakt so, wie es das Vorgespräch vermuten lässt. Schlägt die Gruppendynamik eine unerwartete Richtung ein, hat es keinen Sinn, einen noch so genialen Ablaufplan durchzuziehen. Erfahrene Mediationsteams lassen geplante Abläufe jederzeit für ein passenderes Vorgehen fallen. Flexibilität ist für Prozessabläufe die wichtigste Ressource.

Die Abkehr von einer Methode bedeutet nicht, dass Sie das Ruder aus der Hand geben. Im Gegenteil: Ihre Klienten sind Ihnen für jede Maßnahme dankbar, die den Weg zum Ziel beschleunigt. Lassen Sie irreführende Annahmen, die sich in Vorgesprächen gebildet haben, fallen, sobald Sie neue Erkenntnisse haben.

Situatives Vorgehen erfordert Selbstvertrauen und Vertrauen in den Prozess. Die goldene Regel der Prozesssteuerung lautet: Alles, was hilft, ist erlaubt – alles, was von den Kernanliegen wegführt, sollte unterlassen werden. So wie Farbe nicht das Kunstwerk darstellt, ist eine Methode kein Selbstzweck, sondern lediglich das (aktuell) bestmögliche Instrument auf dem Weg zu gegenseitigem Verständnis. Inneres Vertrauen in die Selbststeuerung der Gruppe entwickelt sich im Zug von Mediationserfolgen. Wer schon einmal zu lange an einem Konzept festgehalten hat und am Ende „baden“ ging, darf sich trösten: Fehler sind Helfer, nur die Buchstabenreihenfolge des Wortes ist vertauscht …

Teilnehmerbedürfnisse können sich als Widerstand äußern

Einsteiger versuchen gelegentlich, Methoden auch bei Widerstand von Teilnehmerseite durchzuboxen. Vielleicht besteht die Angst, dass bei einem Methodenabbruch die Zeitvorgaben nicht mehr eingehalten werden können. Oder das Mediationsteam glaubt, dass eine spezielle Methode zu einem besonders guten Ergebnis führt. Wenn Teilnehmerverhalten als Bedrohung angesehen wird und die Beteiligung an einer Methode erzwungen wird, ist das jedoch so, als ob eine Kompassnadel mit Gewalt in eine Richtung gehalten wird, in der der Kapitän Norden vermutet.

Spontane Teilnehmerbedürfnisse werden manchmal auch als Störungen aufgefasst. Aus mangelndem Verständnis bearbeitet das Mediationsteam die Betroffenen, bis auch die letzte Streitpartei sich in die Vorgabe fügt. Als Resultat kündigen die

Teilnehmenden ihre innere Beteiligung auf, die Stimmung sinkt und der Mediationsprozess endet ergebnislos.

Machen Sie eine Pause!

Pausen sind wichtig für Mediationen. Geben Sie spätestens nach 90 Minuten –besser öfters –allen Beteiligten Gelegenheit, um durchzuschauen. Unser Filmbeispiel „Der neue Messeauftritt" zeigt, wie sich die Streitparteien in einer Pause auf entspannte und interessierte Art neu begegnen. Die Gruppe ist nachdenklich geworden und hat die Anliegen der Einzelnen verstanden. Die Feindbilder, die das Verfahren am Anfang dominierten, haben sich bereits relativiert. Je länger die Mediation dauert, desto häufiger nutzen Teilnehmer Pausen, um bereits Lösungen vorzubereiten.

Das Mediationsteam kann sich in Pausenzeiten entspannen und gemeinsam reflektieren. Unser Film „Beraternetzwerk" zeigt, wie das Mediationsteam hinter geschlossener Tür in sich hineinspürt. Passt das Vorgehen zur Stimmung oder braucht der Prozess neue Impulse durch eine Richtungsänderung?

Einführung von Methoden

Die Einführung von Methoden der Mediation können Sie in Übungsgruppen trainieren. Wenn der Ablauf einmal sitzt, lässt er sich 1:1 auf sämtliche Methoden übertragen. Die Vorbereitung zahlt sich auf zweierlei Art und Weise aus. Wenn die Teilnehmenden Ihre Erläuterungen bereits auf Anhieb begreifen, sparen Sie viel Zeit, weil Nachfragen gar nicht erst gestellt werden. Die Teilnehmenden finden schneller zu ihren Themen und den dahinter liegenden Bedürfnissen.

Unser Film „Das Beraternetzwerk" zeigt die Einführung einer Methode am Beispiel „Zeitungseinstieg":

(1) Bringen Sie die Gruppe vor der Erklärung in Bewegung. Beim „Zeitungseinstieg" können Sie zum Beispiel Zeitungspapier herumgehen lassen. Die Gruppe stimmt sich auf ihre Aufgabe ein.

(2) Visualisieren Sie die Aufgabenstellung. Formen Sie beim „Zeitungseinstieg" demonstrativ ein Symbol aus Zeitungspapier mit Ihren Händen.

(3) Liefern Sie ein Beispiel. Beim „Zeitungseinstieg“ bewirft der Mediator den Co-Mediator mit einer Papierkugel. Die Kugel steht für „Argumente, die wir uns nur noch an den Kopf werfen“.

Empathie geht vor Erklärung

Die wichtigste Regel für die Arbeit des Mediationsteams lautet: „Empathie geht vor Erklärung!“ Geben Sie niemals lange Erklärungen ab, wenn eine Konfliktpartei Fragen oder Alternativvorschläge vorbringt. Die Streitpartei möchte zunächst Verständnis für ihre Anliegen erleben.

Reagieren Sie auf Kritik und Anmerkungen, indem Sie das Anliegen kurz empathisch spiegeln. Nennen Sie im Frageton die wichtigsten Bedürfnisse, die Sie hinter dem Einwand vermuten. Unser Film zeigt bei der Methode „Clustern und Punkten“ (2b), wie der Mediator sich in Ängste der Konfliktparteien einfühlt. Ein Teil der Gruppe befürchtet, dass durch die Abstimmung über die Themenreihenfolge bestimmte, nicht so hoch bewertete Aspekte des Konflikts unbearbeitet bleiben könnten. Anstatt die Gruppe zum Weitermachen zu drängen, nimmt der Mediator die Bedenken auf: „Sie möchten sichergehen, dass alle Ihre Themen heute behandelt werden?“

Als Formulierungen bieten sich an:

- „Sie hätten da gerne Klarheit?“
- „Sie möchten gerne dazu noch etwas beitragen?“
- „Sie würden den Sinn der Übung gerne besser verstehen?“
- „Sie möchten die Zeit unbedingt effizient nutzen?“
- „Sie wollen gerne die Wahl haben, ob Sie bei dieser Methode mitmachen?“
- „Sie bräuchten dringend eine Pause?“
- „Ihnen wäre bei dieser Methode ausreichend Zeit besonders wichtig?“

Nützen Sie Widerstand gegen Ihre Methoden, um den Prozess zu beschleunigen. Erst wenn Sie die Konfliktparteien wirklich verstehen, können Sie maßgeschneiderte effiziente Vorgehensvorschläge anbieten. Sie leben der Gruppe vor, dass nicht die Ideen eines Einzelnen, sondern die innere Beteiligung der Gesamtgruppe für den Erfolg eines Projekts entscheidend ist. Gegenseitiges Vertrauen wird Ihnen im Verlauf der Mediation durch Offenheit und Ehrlichkeit zurückgezahlt.

6. Zu zweit mediieren

Viele Gründe sprechen dafür, in großen Gruppen zu zweit zu mediieren. Dies setzt allerdings voraus, dass der Auftraggeber bereit ist, nicht einen, sondern zwei Mediatoren zu bezahlen. Arbeiten zwei gleichberechtigte Mediatoren nebeneinander, sprechen wir von Co-Mediation.

Die Filme zeigen Co-Mediation in unterschiedlichen Konstellationen. Wir haben bewusst immer neue Paare gebildet, um zu zeigen, wie unterschiedlich die Zusammensetzung auf den Betrachter wirkt. Besonders Mediationsteams mit stark abweichenden Merkmalen (Mann und Frau oder Rechtsanwältin und Psychologin) bieten Teilnehmern vielfältige Anknüpfungspunkte und schaffen Vertrauen.

Sie können davon ausgehen, dass Mediationsteilnehmer Ihre Rolle und Ihren Umgang miteinander sehr genau verfolgen. Indem Sie bereits in der ersten Phase der Mediation Ihre Arbeitsweise offenlegen, tragen Sie zur Sicherheit der Konfliktparteien bei. Ein heterogen zusammengesetztes Mediationsteam lebt der Gruppe Wertschätzung und Respekt für Andersartigkeit vor.

Fragen Sie sich im Vorfeld, auf welche Art Sie Ihr Moderationsteam präsentieren wollen. Wie wollen Sie die Aufgaben und Rollen im Team aufteilen? Übernimmt jeder Mediator eine wiederkehrende Aufgabe (zum Beispiel visualisiert der eine, während der andere moderiert)? Präsentieren Sie jeweils eine Methode pro Mediator? Oder wechseln Sie sich in allen Bereichen und Methoden ab? Gibt es einen Hauptansprechpartner oder verteilen Sie die Verantwortung gleichmäßig auf Ihre Schultern?

Die Vorbereitung im Team ist für das Gelingen einer Mediation sehr wertvoll. Tauschen Sie Ihr Wissen über den anstehenden Fall aus und erarbeiten Sie gemeinsam einen Methodenplan. Prüfen Sie, ob die Methoden zur Teilnehmergruppe passen, ob alle Materialien vorhanden sind und ob Sie die Abläufe und die Aufgabenwechsel sicher beherrschen.

Treffen Sie anschließend Absprachen für eine gute Zusammenarbeit. Wer begrüßt die Gruppe, wer schreibt ein Willkommensplakat? In welcher Form wechseln Sie von Phase zu Phase? Welche Signale vereinbaren Sie für Krisensituationen, Unsicherheiten oder Unvorhergesehenes? Unauffällige Handzeichen, Blickkontakt und Symbole mit vorher vereinbarter Bedeutung (zum Beispiel eine rote Kaffeetasse, wenn Sie eine Pause vorschlagen) haben sich in der Praxis bewährt.

Gerade wenn in einer Mediation etwas schiefläuft, ist die Arbeit im Team von unschätzbarem Wert. Eine gemeinsame Pause, wie wir sie im Film „Das Beraternetzwerk“

zeigen, lässt sich wunderbar für eine kurze Reflexion, gegenseitige Inspiration und zum Abbau von Stress nutzen. Haben Sie keine Angst vor künstlichen Unterbrechungen: Teilnehmer einer Mediation erleben starke innere Prozesse und sind gewöhnlich für Erholungsmöglichkeiten dankbar.

Nach Beendigung einer Mediation kann das Team gemeinsam den Prozess auswerten. Fragen der Zusammenarbeit, die sich in Gegenwart der Streitparteien nicht klären lassen, finden in der Intervision (einer Supervision unter Kollegen) ihren Platz. Gibt es Verhaltensweisen, mit denen Sie sich gegenseitig aus dem Takt bringen? In welchen Augenblicken sind Ihnen „blinde Flecken“ Ihres Partners aufgefallen? Was macht Sie gemeinsam stark?

7. | Aktives Zuhören

Aktives Zuhören ist Teil der empathischen Präsenz, die Grundvoraussetzung für einen gelungenen Mediationsprozess ist. Unter empathischer Präsenz verstehen wir eine innere Haltung, die unter anderem durch gezielten Einsatz von Kommunikationstechniken aufgebaut wird. Über aufmerksames Zuhören, empathisches Spiegeln und körpersprachliche Zuwendung lässt sich Einfühlung und Wertschätzung vermitteln.

Schweigende empathische Präsenz

Beim schweigenden Zuhören richten wir unsere Aufmerksamkeit zu 100 Prozent auf die sprechende Person. Wir wenden uns der Konfliktpartei zu, nehmen Augenkontakt auf und begleiten das Gesagte durch Brummsprache („aha", „okay", „ich verstehe"). Zuhörsignale geben dem Sprecher Sicherheit, Zugewandtheit signalisiert Wertschätzung für seine Anliegen. Bedenken Sie, dass die eigene innere Haltung sich immer auch körpersprachlich widerspiegelt.

Aktives Zuhören

Aktives Zuhören ist mehr als papageienhaftes Nachsprechen des Gehörten. Beim aktiven Zuhören fassen Sie Gehörtes zusammen und bringen es auf den Punkt. Geben Sie nicht nur Fakten wieder, sondern auch Stimmungen, die Sie in Form von Gefühlen und Bedürfnissen heraushören. Ein Beispiel für aktives Zuhören finden Sie im Film „Der neue Messeauftritt" bei der Methode „Räumliche Aufstellung" (Phase 3a). Das Mediationsteam fragt die Teilnehmer, wie ihnen im Konflikt zumute ist, und spiegelt die Aussagen der Konfliktparteien der Gesamtgruppe wider.

Aktives Zuhören heißt, ganz bei der anderen Person zu sein. Sie bewerten das Gehörte nicht, Sie tragen keine eigenen Geschichten bei und geben auch keine Ratschläge (egal wie sehr Ihnen ein Tipp auf der Zunge liegt). Indem Sie nach drei bis fünf Sätzen Ihres Gegenübers das Gehörte zusammenfassen, vertieft sich das Verständnis und das Gespräch erhält deutlich mehr Struktur. Die Herausforderung besteht darin, diese Haltung konsequent über den gesamten Zeitraum der Mediation zu bewahren.

Körpersprachlicher Ausdruck

Körpersprache bringt die im Raum vorhanden Emotionen zum Ausdruck. Gefühle drücken sich in Körperhaltung und Gesicht deutlich aus. Nutzen Sie Körpersprache auf zweierlei Weise:

(1) Sprechen Sie die Streitparteien an, wenn Sie starke körpersprachliche Signale empfangen. Sprechen Sie Frau Meier an, wenn sie bei einem Beitrag von Herrn Müller in den Stuhl versinkt: „Frau Meier, ich sehe, dass die Aussage von Herrn Müller bei Ihnen eine Reaktion auslöst. Sind Sie bedrückt und wünschen sich, dass hier offen ausgesprochen wird, was seit Monaten zwischen Ihnen steht?" Frau Meier wird Ihnen entweder zustimmen oder Sie korrigieren.

(2) Helfen Sie den Konfliktparteien dabei, sich mit ihren Gefühlen zu verbinden. Untermalen Sie Gefühle, die Sie aussprechen, durch eine Geste. Ein Satz wie: „Sie sind unruhig, weil Sie sich Sorgen um die Jahresabrechnung machen?" löst in Verbindung mit einem Stirnrunzeln oder einem Wiegen mit den Schultern starke emotionale Reaktionen bei den Betroffenen aus, wenn die Aussage zutrifft.

8. | Der Tanz auf dem Vulkan

Die Triebkraft von Konflikten sind starke Gefühle. Ironischerweise vermittelt unsere Kultur die Idee, im Konflikt „Ruhe zu bewahren". Indem wir „uns beherrschen", gehen wir auf Distanz zu den starken Impulsen, die in uns nach außen drängen. Wir schützen uns vor Scham- und Schuldgefühlen, die mit Erfahrungen von Härte, Unbeherrschtheit, Authentizität und Ehrlichkeit einhergehen. Der Grund dafür liegt in unserer Sprache verborgen.

Bereits im Kleinkindalter lernen wir, andere Menschen für unsere Gefühle verantwortlich zu machen. Wenn die Mutter sagt: „Es ist mir peinlich, wenn du in diesem Aufzug bei Oma und Opa aufkreuzt", übermittelt sie ihrem Kind die Botschaft, dass sein Verhalten ihr Glück oder Unglück steuert. Wenn das Kind als Teenager kontert: „Ich fühle mich von dir bevormundet", hat sich der Kreis geschlossen und die Sprachverwirrung ist komplett. Bevormundung ist kein Gefühl, sondern eine Bewertung. Weder das dahinter liegende Gefühl des Mangels („Ich fühle mich total unwohl, wenn ich mich in diesen Klamotten im Spiegel sehe") noch das damit verbundene Bedürfnis („Ich möchte frei über mein Outfit entscheiden dürfen") werden angesprochen. Stattdessen wird die Verantwortung für das eigene Unwohlsein an die Mutter zurückgereicht. Mehr als 80 Prozent aller Sätze, die mit „ich fühle mich ..." beginnen, enden mit einer Schuldzuweisung.

Indem wir unsere Gefühle von uns weisen oder andere Menschen für unsere Gefühle verantwortlich machen, bekommt unsere Umwelt berechtigterweise Angst vor dem, was wir unter Gefühlen verstehen. Weil wir intuitiv spüren, dass das Unwohlsein unseres Gegenübers einen triftigen Grund hat, stellen sich Scham- und Schuldgefühle ein. Aus diesem Kreislauf gibt es nur ein Entrinnen: Wir brauchen eine neue Sprache, die Authentizität und Ehrlichkeit möglich macht, ohne andere Menschen an den Pranger zu stellen. Das Mediationsteam funktioniert als „Simultanübersetzer" für Anklagen und Schuldzuweisungen in dahinter liegende Gefühle und Bedürfnisse.

Das Mediationsteam als „Übersetzerbüro"

Wir bezeichnen die Übersetzung von Anklagen und Schuldzuweisungen als „Tanz auf dem Vulkan", weil die Energien bei diesem Vorgang hochkochen. Anstatt um Ruhe zu bitten, lüften wir den Deckel über der brodelnden Lava und laden die Konfliktparteien ein, von den starken Gefühlen, die in ihnen toben, zu erzählen. Dabei werden von den Streitparteien manchmal „unfeine" Ausdrücke gebraucht oder Gesten benutzt, die abwertend oder konfrontativ wirken.

Kein Mensch kann Aggression länger als drei Minuten aufrechterhalten, wenn diese nicht neu stimuliert wird. Indem wir erlauben, dass die Konfliktparteien ihrer Angst, ihrer Wut und ihrer Unzufriedenheit freien Lauf lassen, zeigen wir Verständnis für das Energielevel, auf dem sie sich wirklich befinden. Indem wir ihnen empathisch zuhören, schenken wir ihnen Wertschätzung als Mensch. Indem wir harte und scheinbar unbeherrschte Sprache in die dahinter verborgenen Anliegen übersetzen, nehmen wir ihren Aussagen die Spitze, ohne deren Anliegen zu entkräften. Starke Gefühle und Bedürfnisse werden in Ich-Botschaften verwandelt, die Verantwortung für die eigenen Stimmungen und Interessen übernehmen, ohne die Gegenpartei abwerten zu müssen. Die Lava ist herausgeflossen, der innere Vulkan kommt zur Ruhe, die Aggression verschwindet.

In dieser übersetzten Form sind die Gefühle und Wünsche für die anderen Konfliktparteien oft erstmals verständlich. In unserem Beispiel auf Seite 41 kann das Kind verstehen, dass die Mutter gerne bei ihren Eltern punkten möchte (vielleicht aus Sehnsucht nach Anerkennung), die Mutter wiederum kann nachvollziehen, dass das Kind sich in einem selbst gewählten Outfit wohler fühlt (Wer strebt in Kleidungsdingen nicht nach Autonomie?). Niemand muss mit den Forderungen des anderen einverstanden sein und doch kann sich das Verhältnis zwischen Mutter und Kind entspannen.

Goldbarren in hässlicher Verpackung

Starke Gefühle betrachten wir in der Mediation als „Goldbarren in hässlicher Verpackung", die auf dem Fließband des Konflikts in aggressiver Form als Schuldzuweisungen, Kritik und Anklagen geliefert werden. Eine Variante der Aggression ist kalte und vorwurfsvolle Passivität, hinter der ebenfalls Frustration und Hilflosigkeit verborgen sind. Das Teilnehmerverhalten kann auch unvermittelt von Aggression zu Resignation oder von Depression zu Attacke umschwenken.

Das Mediationsteam hat den Auftrag, diese „Goldbarren" vom Band zu nehmen und ihren Inhalt wertschätzend willkommen zu heißen. Anstatt Eskalation als Störung zu begreifen, nutzen wir sie als Abkürzung zu den Kerninhalten der Teilnehmeranliegen. Nirgendwo sonst haben wir einen derart unmittelbaren Zugang zu den Bedürfnissen von Menschen wie bei starken Gefühlen.

Die Fallbeispiele in unseren Video-Tutorials zeigen mehrere Situationen, in denen sich Teilnehmer angreifen. Gefühlsausbrüche kommen häufig unvermittelt für das

Mediationsteam (während die anderen Teilnehmer vielleicht schon damit gerechnet haben). Plötzlich hängt für das Mediationsteam alles von der Erfahrung im Umgang mit Eskalation ab. Ängstliche Mediatoren wechseln das Thema und verpassen damit eine große Chance, die Hintergründe zu verstehen. Erfahrene Mediatoren nutzen die Situation, um die „hässliche Verpackung der Goldbarren" vorsichtig zu entfernen und der Gruppe vorzuleben, dass es sich lohnt, nach den Bedürfnissen hinter unangenehmen Gefühlen zu fragen.

Training im Umgang mit starken Gefühlen und Eskalation

Der Umgang mit starken Gefühlen und Eskalation in der Mediation lässt sich auf zweierlei Art vorbereiten: Zum einen ist es hilfreich, eigene starke Gefühle zu erforschen und in damit verbundene körperliche Vorgänge hineinzuspüren. Schließen Sie mit diesen – teilweise unliebsamen – inneren Stimmen Freundschaft. Wer keine Angst vor den eigenen Gefühlen hat, strahlt dieses Vertrauen auch auf andere Menschen aus – insbesondere in Situationen, in denen sonst niemand die Nerven behält und das Hinschauen für die Konfliktparteien zu einer bahnbrechenden Erfahrung wird.

In unseren Ausbildungen (dies ist die zweite Art der Vorbereitung) trainieren wir den Umgang mit Eskalation, indem wir üben, spontan mit den Gefühlen und Bedürfnissen hinter Vorwürfen oder Klagen in Kontakt zu kommen. Dafür breiten wir ein rotes Tuch auf dem Fußboden aus, das als Symbol für Eskalation im Konflikt steht. Ein Rollenspieler betritt das Tuch und äußert von dort aus eine Klage, wie zum Beispiel: „Ich habe in dieser Firma ja sowieso nichts mehr zu sagen." Wichtig ist, dass der Rollenspieler sich zu dieser Aussage vorher einen Kontext ausdenkt und sich in die Rolle einfühlt. Der Mediator tritt ca. 1,5 m vor den Rollenspieler und spricht ihn direkt auf die Hintergründe seiner Klage an: „Sind Sie frustriert, weil Sie mit Ihren Verbesserungsvorschlägen gehört werden möchten?"

Je mehr sich der Rollenspieler verstanden fühlt, desto weiter rückt er vom Tuch herunter. Die Übung endet, wenn der Rollenspieler ganz vom Tuch geht und signalisiert, dass seine Gefühle und Bedürfnisse vollständig erfasst wurden. Die nächsten Kapitel zeigen, wie Mediatoren in jeweils sechs Schritten auf Eskalation zwischen Einzelpersonen oder der Gesamtgruppe reagieren können.

9. Umgang mit Eskalation

Eskalation kann sich auf vielfältige Weise im Rahmen einer Mediation Bahn brechen. Anzeichen einer sich anbahnenden Eskalation können sein:

- Teilnehmende zeigen heftige indirekte Gefühlsäußerungen wie Kopfschütteln, Augenrollen …
- Teilnehmende klagen lautstark abwesende Personen oder das Unternehmen an.
- Teilnehmende äußern Vorwürfe und Schuldzuweisungen gegeneinander.
- Teilnehmende analysieren andere Anwesende in abwertender Form.
- Teilnehmende reagieren mit Abweisung oder verächtlichen Blicken auf Ansprache durch Kollegen.

Eskalation verstärkt sich durch äußere Umstände wie Überforderung bei Schwächesymptomen oder Krankheit, Fürsorge für einen Kollegen (oder einen Mitarbeiter) oder ein allgemeines Übermaß an Belastung, das in der Mediation den „kritischen Punkt“ überschreitet. Auch biografische Wunden, die in der Mediation berührt werden, können für erhebliche Not bei Betroffenen sorgen.

Im Film „Der neue Messeauftritt“ können Sie den Umgang mit Aggression bei der Methode „Problemdreieck“ (Phase 3a) nachverfolgen. Eine Teilnehmerin greift einen Kollegen scharf an, der an der Stellwand seine Arbeitsergebnisse präsentiert. Der Mediator unterbricht die Eskalation in sechs definierten Schritten.

Schritt 1	Erkennen Sie den Notstand der Konfliktpartei an. Spielen Sie die Not nicht herunter nach dem Motto: „Der wird sich gleich schon wieder einkriegen.“
Schritt 2	Wenden Sie sich der Konfliktpartei zu und nehmen Sie Augenkontakt auf. Bewahren Sie einen für beide Seiten sicheren körperlichen Abstand. Sie schaffen damit den Rahmen, um die Person namentlich anzusprechen und das Interesse auf sich zu ziehen: „Herr Jäger?“ Wenn Sie die Aufmerksamkeit der Konfliktpartei nicht erhalten (zum Beispiel weil Herr Jäger den Konferenzraum verlässt), sind eventuell Einzelgespräche notwendig.
Schritt 3	Geben Sie der Konfliktpartei „Erste-Hilfe-Empathie“. Sprechen Sie den Alarmzustand in Ihren Worten, aber auf dem Energielevel (Lautstärke) der hocherregten Streitpartei an: „Herr Jäger, Sie haben die Nase voll? Sie würden am liebsten die Tür hinter sich zuknallen?“ Empathie zeigen heißt hier: Das Mediationsteam verzichtet auf Ermahnungen, Überredungsversuche und Drohungen.

Schritt 4	Benennen Sie die Gefühle, die Sie bei der Streitpartei wahrnehmen. Äußern Sie eine Hypothese, wie es dem Betroffenen geht: „Sie sind total wütend?“ Verbinden Sie sich mit der betroffenen Person, indem Sie weitere Bilder und Synonyme für deren Gefühlszustand finden: „Sie könnten vor Ärger auf den Tisch hauen, ist das so?“ Nähern Sie sich dem Aggressionslevel der Konfliktpartei an, bis diese sich gesehen und verstanden fühlt und körperliche Anzeichen der Entspannung zeigt.
Schritt 5	In der Regel erhalten Sie spätestens jetzt konkrete Hinweise, weshalb die Person so sauer ist. Bieten Sie dazu Bedürfnisformulierungen an: „Sie wünschen sich, das Ross und Reiter genannt werden, damit diese Mediation ein Erfolg werden kann?“
Schritt 6	Gehen Sie abschließend zurück zur auslösenden Situation. Konkretisieren Sie das Bedürfnis der Konfliktpartei. „Wo genau wünschen Sie sich konkretere Aussagen der Teilnehmenden?“ Wenden Sie dabei den Blick von der Vergangenheit auf die Gegenwart und Zukunft: „Was genau würde Ihnen ein Gefühl von Offenheit vermitteln?“

Umgang mit Gruppeneskalation

Das Mediationsteam kann die Eskalation einer Gruppensituation als Kompliment werten, weil die Teilnehmenden sich sicher genug fühlen, um das wahre Ausmaß ihrer Wut und ihres Schmerzes zu zeigen. Das Vertrauen in das Moderationsteam ist so hoch, dass sich die Teilnehmenden aus dem Schutz der Etikette wagen und zeigen, wie sie wirklich fühlen und was sie wirklich denken. Der Konflikt wurde lange unter Verschluss gehalten, jetzt knallt der Korken aus der Flasche und starke Gefühle überschwemmen den Mediationsprozess.

Eine Eskalation findet am häufigsten in den Phasen 2 („Sichtweisen erheben“) und 3 („Sichtweisen erhellen“) statt. Wenn in Phase 4 („Lösungen finden“) oder 5 („Verabredungen treffen“) eine Situation eskaliert, ist dies ein sicheres Zeichen dafür, dass in einer vorhergehenden Phase nicht alle Bedürfnisse verstanden wurden. In diesem Fall muss das Mediationsteam die Gruppe noch einmal in die dritte Phase der Konflikterhellung zurückführen. Ansonsten droht eine Vereinbarung, an die sich einige Teilnehmer nicht gebunden fühlen, weil ihre Bedenken nicht einfließen konnten.

Unser Film „Landesbüro Verband für Sozialarbeit“ zeigt eine Eskalation bei der Erstschilderung der Konfliktthemen. Die Mediatorin unterbricht die Eskalation und nutzt die Gruppendynamik, um noch tiefer in das Thema einzusteigen. Sie folgt einem

Schema in sechs Schritten, das unterschiedslos auf jede Phase der Mediation übertragen werden kann.

Schritt 1	Lassen Sie die Situation zunächst eine kurze Weile laufen. Verschaffen Sie sich durch Beobachtung einen Eindruck davon, was die Streitparteien sich gegenseitig vorwerfen.
Schritt 2	Die Situation eskaliert weiter. Der Ton nimmt an Schärfe zu. Vorwürfe wiederholen sich. Bereiten Sie sich jetzt innerlich auf das Eingreifen vor und koordinieren Sie sich gegebenenfalls durch Blicke mit Ihrem Co-Mediator.
Schritt 3	Unterbrechen Sie die Eskalation mit einem deutlichen Signal. Beugen Sie sich vor oder stehen Sie auf, um zu signalisieren, dass Sie die Moderation übernehmen. Sagen Sie laut und vernehmlich (aber nicht bedrohlich oder autoritär) „okay", „halt" oder „bis hier hin ..."
Schritt 4	Benennen Sie kollektiv die starken Gefühle, die im Raum sind, und die damit verbundene Situation: „Sie sind alle sehr aufgebracht, stimmt das? Sie sind richtig sauer, ist das so?"
Schritt 5	Die Konfliktparteien schauen Sie jetzt neugierig oder verdutzt an. Benennen Sie nun nacheinander die wichtigsten Themen, die Sie während der Eskalation aufgefangen haben: „Frau Jakob, Ihnen geht es um ..., und bei Ihnen, Herr Jensen, höre ich, dass ..." Wenn eine Zusammenfassung der Hauptredner schlecht möglich ist, weil sich zu viele Personen an der Eskalation beteiligt haben, sprechen Sie die Gesamtgruppe an: „Sie alle wollen gehört werden! Sie wollen alle mit Ihren Anliegen ernst genommen werden, richtig?"
Schritt 6	Bieten Sie jetzt der Gruppe einen Vorschlag zur Strukturierung an. „Ich mache Ihnen einen Vorschlag, wie wir Ihr Gespräch so strukturieren können, dass jeder von Ihnen mit seinem Anliegen gehört wird. Sind Sie damit einverstanden?" Mit diesem Vorschlag holen Sie sich die Erlaubnis ab, die Mediation wieder aufzunehmen, und erneuern das alte Arbeitsbündnis.

Machen Sie der Gruppe anschließend einen methodischen Vorschlag zum weiteren Vorgehen.

Doppeln

Die Methode des Doppelns wurde ursprünglich für Gruppentherapie und Psychodrama entwickelt. Sie hat sich in kritischen Phasen des Mediationsprozesses hervorragend bewährt. Wenn eine Konfliktpartei bestimmte Inhalte nicht verständlich ausdrücken kann, tritt das Mediationsteam an ihre Seite und spricht – die Erlaubnis der Streitpartei vorausgesetzt – diese Themen stellvertretend aus. Die Methode ist besonders wirkungsvoll, wenn starke Gefühle und Stimmungen gar nicht oder nur sehr oberflächlich angesprochen werden. Weitere Einsatzmöglichkeiten bieten sich, wenn persönliche Angriffe zu einer Eskalation der Auseinandersetzung führen.

Beim Doppeln kommt es darauf an, das innere Erleben des Erzählers für die anderen Streitparteien verständlich zu machen. Das Mediationsteam hört den Aussagen der Konfliktparteien empathisch zu und übersetzt ihre Anliegen, wenn sie in Form von Schuldzuweisungen vorgetragen werden, in die dahinter verborgenen Gefühle und Bedürfnisse. Die Entlastung, die Teilnehmende durch das Doppeln erfahren, können Sie den Gesichtern in unserem Film „Das Beraternetzwerk“ deutlich ablesen.

Ablauf in vier Schritten

Der Vorgang des Doppelns erfordert große Sensibilität für die Befindlichkeiten der Teilnehmenden und natürlich viel Übung. Er verläuft in vier zügig aufeinanderfolgenden Schritten.

Schritt 1	Das Mediationsteam merkt, dass Herr Maier ein Anliegen oder eine Stimmung nicht verständlich ausdrücken kann. Der Mediator bittet Herrn Maier um Erlaubnis, die Aussage für ihn stellvertretend zu formulieren: „Darf ich neben Sie treten und für Sie sprechen? Sie sagen mir dann, ob das so für Sie stimmt?“ Der Mediator bleibt bei diesem Angebot auf dem eigenen Platz sitzen und zeigt dadurch, dass sich Herr Maier frei entscheiden kann, ob er das Angebot annimmt oder ablehnt.
Schritt 2	Willigt Herr Maier ein, tritt der Mediator neben ihn und geht dabei in die Hocke. In dieser Körperhaltung ist der Mediator auf Augenhöhe mit den Konfliktparteien. Er spricht Frau Müller in ICH-Form an (er schlüpft in die Rolle von Herrn Maier) und drückt aus, welche Anliegen und Stimmungen er bei Herrn Maier wahrnimmt: „Frau Müller, wenn ich sehe ..., dann fühle ich mich ..., weil ich ... brauche.“ Gelingt es dem Mediator, die Gefühle und Bedürfnisse von Herrn Maier ohne Anklage auszusprechen, steigt die Chance, dass Frau Müller sich für die Anliegen von Herrn Maier interessiert.
Schritt 3	Der Mediator fragt Herrn Maier anschließend, ob die Aussage sein Anliegen richtig wiedergibt: „Ist das so?“ Wenn Herr Maier zögert oder die Richtigkeit verneint, dann bittet der Mediator ihn um Korrektur. Bestätigt Herr Maier die Richtigkeit, dann setzt sich der Mediator wieder an seinen Platz zurück.
Schritt 4	Abschließend wendet sich das Mediationsteam Frau Müller zu und fragt sie, wie es ihr mit dem Gehörten geht. Die Intervention des Doppelns ist damit beendet.

Wir verwenden die Technik des Doppelns nur in wenigen wichtigen Passagen der Mediation. Die Streitparteien sollen weiterhin die Hauptverantwortung für das Gesagte behalten. Setzen Sie das Doppeln in schwierigen Gesprächsmomenten ein, wenn eine wirksame Verlangsamung und Fokussierung des Gesprächs notwendig sind.

10. Visualisierung für jede Mediationsphase

Die Möglichkeiten und die Bedeutung von Visualisierung werden im Fall der Mediation immer noch unterschätzt. Die Mediationsliteratur liefert häufig nur den Hinweis, entsprechende Fachbücher zu kaufen. Viele Menschen überwinden jedoch ohne Unterstützung ihren inneren Kritiker nicht, der mit Kommentaren wie „Du kannst ja doch nicht malen“ oder: „Dein Schriftbild wird sich nie ändern“ die Lust an Visualisierung im Keim erstickt.

Auch wir sind uns darüber im Klaren, dass dieses Buch nur ein Appetitmacher sein und eine Anregung darstellen kann. Dennoch wollen wir Sie auf dreierlei Weise unterstützen, Visualisierung in Zukunft großzuschreiben. Als Erstes beschreiben wir, wann und in welcher Form Visualisierung in der Mediation Vorteile bringt. Anschließend geben wir Ihnen zahlreiche Tipps, wie Visualisierung in der Praxis bestmöglich gelingt. Als drittes Element liefert Ihnen dieses Buch zahlreiche Flipchart-Vorlagen für jede Phase der Mediation. Sie können Sie abzeichnen oder Sie verwenden die Plattform YourFlip (↗ www.yourflip.de), die Ihnen ermöglicht, die Vorlagen und Motive aus dem Buch digital zu nutzen, sie für Ihre Zwecke zu adaptieren und auch direkt über den Druckpartner von YourFlip ausdrucken zu lassen. Weitere Informationen hierzu auf Seite 126. Wir selbst wurden von Stefan Ulrich (↗ www.malmann.com) inspiriert, dessen Illustrationen als Ausgangspunkte dienten und dem wir dafür herzlich danken.

Erfahrene Mediatoren feilen über Jahre an ihrem Tafelbild und üben als wichtigste Grundvoraussetzung eine gut lesbare Schrift. Die Flipchart-Plakate in unseren Filmbeispielen wurden mit Neuland-Stiften in Druckschrift geschrieben und mit Wachsmalblöcken der Firma Stockmar bearbeitet. Gutes Arbeitsmaterial hat seinen Preis, zahlt sich aber in der Wirkung aus. Neuland-Filzmarker haben beispielsweise einen kleinen Plastikhubbel genau dort, wo Sie den Daumen anlegen, wenn Sie die optimale Strichbreite beim Schreiben mit der Keilspitze erzielen wollen – ein „idiotensicheres“ System, das von vielen Moderatoren geschätzt und weiterempfohlen wird.

Zahlen, Daten, Fakten und noch vieles mehr

Jede Art von Information lässt sich grafisch darstellen. Dies gilt für sogenannte ZDF-Informationen (Zahlen, Daten, Fakten) genauso wie für Gefühle und Bedürfnisse. Jede bildhafte Darstellung erhöht deutlich die Quote der Informationen, die von Teilnehmenden im Kopf behalten werden. Immer dann, wenn ein Konflikt starke Emotionen weckt, wirkt Visualisierung für „abwägende Persönlichkeitsanteile" der Konfliktparteien besonders unterstützend.

Phase 1: In der ersten Phase der Mediation sorgt ein Willkommensplakat für Entspannung und ein Flipchart-Poster, das die Phasen der Mediation darstellt, für Orientierung. Vereinbarungen zum sicheren Rahmen, wie sie unser Film „Beraternetzwerk" zeigt, lassen sich vom Flipchart abnehmen und für die Dauer der Mediation für alle sichtbar an einer Wand befestigen. Unsere Video-Tutorials zeigen noch weitere Einsatzfelder für Visualisierung in der Phase des Kennenlernens. Für die Methode „Erwartungsplakate" werden beispielsweise Stellwände vorbereitet, die mit Überschriften wie „Das soll hier heute passieren …" beschriftet werden und die den Teilnehmenden Gelegenheit bieten, sich mitzuteilen und den Aussagen eigene schriftliche Kommentare hinzuzufügen.

Phase 2a: Gruppen und Teams haben oftmals nicht ein, sondern viele Themen zu besprechen. An einer Stellwand lassen sich auf vielfältige Art Anliegen sammeln und ordnen. Auch die Anmoderation einer Methode lässt sich durch ein Plakat unterstützen. In unserem Film „Der neue Messeauftritt" haben wir bei der Methode „Meine Investition" Geldscheine aus einem Monopoly-Spiel an die Moderationswand geheftet.

Phase 2b: Wenn große Gruppen über die Reihenfolge der Themenbearbeitung abstimmen, eignet sich eine Bewertung mit Klebepunkten, wie wir sie in unserem Film „Der neue Messeauftritt" zeigen. Wurden die Themen auf Moderationskarten gesammelt, können sie vor der Abstimmung auch zu inhaltlichen Gruppen geordnet und mit einer Überschrift versehen werden.

Phase 3a: Wenn Sie im weiteren Verlauf der Mediation überprüfen wollen, ob sich die Lösungen und Vereinbarungen wirklich an den zentralen Bedürfnissen der Teilnehmer orientieren, dann sollten Sie die Befunde der Phase 3 („Sichtweisen darstellen und Themen erhellen") unbedingt dokumentieren. Kartenabfragen – der Name sagt es – arbeiten mit Stift und Papier (siehe „Problemdreieck"). Bei interaktiven Selbstklärungsprozessen wie der Methode „Autoteile" bringt Visualisierung einen großen Erkenntnisgewinn. Indem die Konfliktparteien sich fragen, welches Teil eines defekten Wagens (der für das System der Gruppe steht) sie symbolisch verkörpern, ergeben sich über das Bild deutliche Assoziationen zum Problem und für dessen Lösung.

Phase 3b: Bei vielen Methoden dieser Phase unterstützt Visualisierung die Teilnehmenden, ihre Scheu abzulegen. Für die Methode „Teamschiff" haben wir ein Boot und (als Erinnerungsstütze) die Leitfragen der Methode visualisiert. Die Aufstellung der Beteiligten ist eine Art körperliche Visualisierung. Auch das Verteilen von Handouts fällt in die Rubrik „Visualisierung". Für das „GFK-Formular" stellt das Mediationsteam den Streitparteien vorbereitete Arbeitsblätter zur Verfügung.

Phase 4: In der vierten Phase der Mediation suchen die Teilnehmenden nach Lösungen für ihren Konflikt. Im Film „Das Beraternetzwerk" verdeutlicht das Mediationsteam die Herangehensweise bei der „Kopfstandmethode" durch die humorvolle Zeichnung eines Menschen, der auf dem Kopf steht. Bei der „Kuchenstückmethode" werden dreieckige Papierschnipsel verteilt, auf die die Teilnehmenden ihre Lösungsbeiträge notieren und die zusammen den Lösungskuchen formen. Der Bezug zur eigenen Verantwortung wird durch die Arbeit an einem gemeinsamen Kuchen eindrucksvoll deutlich. Für alle Formen von Brainstorming ist das Arbeiten mit Stift und Papier unverzichtbar. Nur so kann sichergestellt werden, dass wichtige neue Ideen nicht abgetan und vergessen werden.

Phase 5: In der letzten Phase einer Mediation werden Lösungsvorschläge diskutiert, bewertet und als Vereinbarung schriftlich festgehalten. Notieren Sie alle notwendigen Details – wie im Fall „Beraternetzwerk" gezeigt – als „Aktionsplan" auf eine Pinnwand. Sie stellen dadurch sicher, dass keine Missverständnisse die spätere Umsetzung der Vereinbarungen torpedieren. Der Aktionsplan kann abschließend durch eine Unterschrift symbolisch beschlossen werden. Auch hier ist Visualisierung mehr als ein billiger Effekt: Das unterschriebene Flipchart-Plakat ist ein Symbol für die Bereitschaft aller, die Lösung mitzutragen.

Visualisierung schafft Aufmerksamkeit

Je größer Gruppen sind, desto eindeutiger und verständlicher müssen die Anleitungen von Methoden durch das Mediationsteam sein. Unklare Anmoderationen werden mit vielen Nachfragen quittiert, die wiederum für nachlassende Aufmerksamkeit bei denjenigen sorgen, die die Aufgabe schon bei der ersten Darstellung verstanden hatten. Unser Film „Beraternetzwerk" zeigt eine Auswertung mit „Koffer, Papier und Edelstein", für die das Mediationsteam alle genannten Symbole in die Mitte des Stuhlkreises stellt. So fällt es den Beteiligten leicht, auch am Ende eines langen Arbeitstages noch zu erinnern, welche Fragen das Mediationsteam für die Auswertung gestellt hat.

Das kleine 1 x 1 der Visualisierung

Eine gelungene Visualisierung im Kontext einer Mediation steht und fällt mit dem Schriftbild. Die Moderationsschrift sollte von allen Standpunkten im Raum gut leserlich sein. Gleichzeitig muss sie schnell „aus der Hand fließen", damit Sie als Mediator den Prozess begleiten und nicht aufhalten.

Für das Training Ihrer Moderationsschrift empfehlen wir Ihnen Utensilien aus dem Fachhandel: Schreibpapier mit vorgezogenen Linien auf $^1/_5$ Oberlänge, $^3/_5$ Mittellänge, $^1/_5$ Unterlänge und Filzstifte mit flacher Spitze (sogenannte Kaligrafie-Marker) oder einen breiten Füller. Für die Flipchartbeispiele in diesem Buch wurde ein Schriftfont der Firma Neuland verwendet, die Sie in gängige Textverarbeitungsprogramme wie Word laden können. Mit dieser Schrift können Sie aus Ihrem PC Texte ausdrucken, die wie Handschrift aussehen und über eine optimale Linienführung verfügen.

Indem Sie die Buchstaben Ihrer Vorlage betrachten und nachmalen, wird Ihr persönliches Schriftbild klarer und sicherer. Beginnen Sie mit Filzstift und Schreibpapier und wechseln Sie anschließend zu Flipchart und Filzmarker oder Whiteboard und Boardmarker. Gute Moderationsmarker (Marker mit breiter Spitze) können Ihr Resultat deutlich verbessern. Profis verlassen sich nur im Ausnahmefall auf Stifte, die ihnen vom Veranstalter zur Verfügung gestellt werden. Ein Set gut gefüllter Marker ist die Mindestausrüstung, die ein Mediationsteam mit sich führen sollte.

Der Weg zum überzeugenden Flipchart-Plakat

Obwohl jedes Flipchart-Plakat in diesem Buch anders ausfällt, liegen der Gestaltung einige verbindende Prinzipien zugrunde:

- *Weniger ist mehr.* Die Kunst der Flipchart-Gestaltung liegt im Weglassen. Schaffen Sie Raum zwischen Bildern, Texten und Symbolen. Halten Sie immer genug Abstand zum Rand ein.
- *Lockern Sie lange Texteinheiten mit Grafiken auf.* Für Moderatoren gibt es spezielle Bücher voller Symbole und Grafiken, die fester Bestandteil eines Moderationskoffers sein können.
- *Ein Bild sagt mehr als tausend Worte!* Sprechen Sie Gefühle an. Bilder sind ein wunderbarer Ausgangspunkt für Assoziationen und neue Ideen. Üben Sie spontanes Zeichnen und nehmen Sie sich für komplexe Bilder Zeit und Ruhe (zum Beispiel in einer Mediationspause).

- *Machen Sie sich selbst Lust auf Visualisierung.* Sammeln Sie Vorlagen, an denen Ihr Auge hängen geblieben ist (Zeitschriften, Postkarten ...) und deren Motive Sie als Blickfang einsetzen möchten.
- *Text wirkt immer sachlich und überzeugend.* Er bietet jedoch wenig Halt für das Auge. Fassen Sie zusammengehörige Textaussagen als Block zusammen.
- *Schreiben Sie alle Wörter aus.* Widerstehen Sie der Versuchung, Abkürzungen zu verwenden.
- *Heben Sie Wichtiges hervor.* Unterstreichen, umranden und schraffieren Sie mit Wachsfarben oder Filzstiften.
- *Verwenden Sie bei Hervorhebungen ein einheitliches Schema*, damit das Auge des Betrachters eine Orientierungshilfe hat. Entwickeln Sie ein Farbschema, das Ihre Kunden wiedererkennen. Beschränken Sie sich bei Hervorhebungen auf bis zu drei Farben, um Verwirrung zu vermeiden.
- *Setzen Sie Farben gemäß Ihrer psychologischen Bedeutung ein:* Rot fängt den Blick ein, Gelb steht für Bewegung und Kreativität, Grün symbolisiert Erkenntnisse …

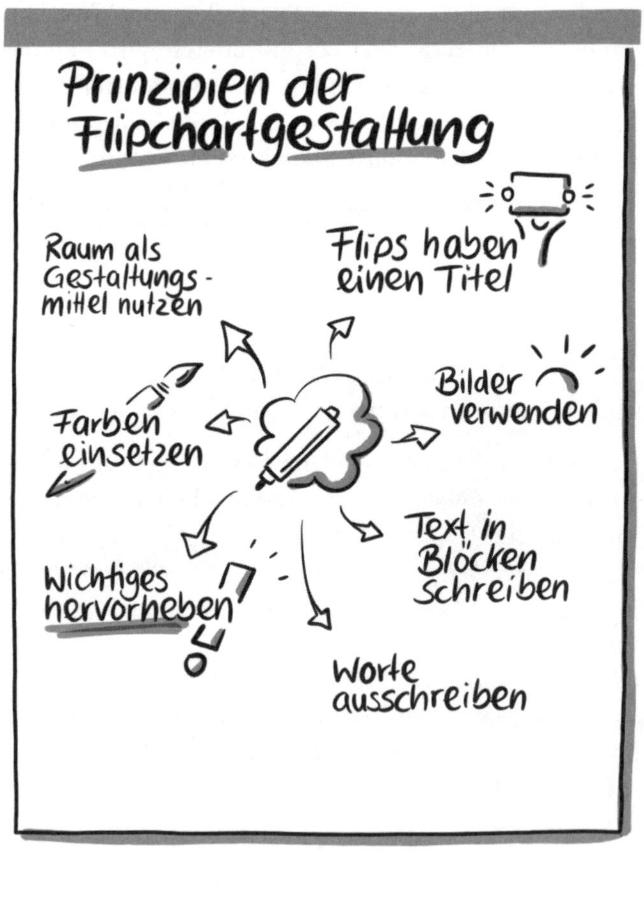

Teil II:
Methoden der Mediation von Gruppen und Teams

11. | Phase 1: Der sichere Rahmen

In der ersten Phase der Mediation schafft das Mediationsteam Schritt für Schritt einen sicheren Rahmen für das Mediationsverfahren. Er ist Voraussetzung dafür, dass die Konfliktparteien offen miteinander reden und die erarbeiteten Lösungen auf den Bedürfnissen der Beteiligten aufbauen.

In die erste Phase einer Mediation gehören:

- die Begrüßung der Teilnehmenden,
- eine Vorstellungsrunde für die Konfliktparteien und das Mediationsteam,
- die Klärung der Rolle des Mediationsteams und des Verfahrensablaufs,
- Abmachungen zu Verantwortung und Vertraulichkeit,
- die Vereinbarung von Gesprächsregeln,
- Transparenz über den bisherigen Gesprächsverlauf,
- die Klärung von Erwartungen,
- ein abschließendes Einverständnis zum gemeinsamen Start in die Mediation.

Die Begrüßung durch das Mediationsteam besprechen wir im nachfolgenden Kapitel. Sie dient in erster Linie der Orientierung, dem gegenseitigen „Beschnuppern" und „Ankommen" der Teilnehmenden. Wenn die Konfliktparteien Platz genommen haben und mit Getränken versorgt sind, beginnen Sie mit der Vorstellungsrunde.

Die Vorstellungsrunde

Nachdem durch Small-Talk ein erster Kontakt aufgenommen wurde, lädt das Mediationsteam zu einer Vorstellungsrunde ein. Um diese bei großen Gruppen zu verkürzen, ist es hilfreich, die wichtigsten Fragestellungen (zum Beispiel „Ihr Name", „Ihr Tätigkeitsbereich", „Ihre Spezialisierung") auf einem Flipchart als Gedankenstütze zu visualisieren.

Anschließend präsentiert sich das Mediationsteam. Unser Film „Beraternetzwerk" zeigt, wie das Mediationsteam Eckpunkte zu seinem beruflichen Hintergrund vorstellt. Sie können bei dieser Gelegenheit auch etwaige Besonderheiten Ihres Tätigkeitsprofils hervorheben. Wenn Sie zum Beispiel eine Position in einem Mediationsverband oder ein Ehrenamt in einer gemeinnützigen Organisation bekleiden, kann die Nennung dieser Details Ihre Kompetenz und Vertrauenswürdigkeit unterstreichen.

Vereinbarungen und Abmachungen

Auf die Vorstellungsrunde folgen Vereinbarungen von Gesprächsregeln, die Klärung der Rolle des Mediationsteams, des Verfahrensablaufs sowie Abmachungen zu Verantwortung und Vertraulichkeit. Für die Moderation dieser Phase gilt: Weniger ist mehr! Die Streitparteien sind nervös und nur eingeschränkt aufnahmefähig. Gehen Sie bei der Informationsvermittlung langsam vor, visualisieren Sie wichtige Schlagworte und beschränken Sie sich auf Wesentliches. Schaffen Sie abschließend Transparenz über Gespräche, die im Vorfeld der Mediation stattgefunden haben.

Transparenz über den bisherigen Gesprächsverlauf

Machen Sie für alle Teilnehmenden deutlich, wie es zu der Mediation gekommen ist, wer den Erstkontakt hergestellt hat und mit wem Sie bereits Gespräche geführt haben. Transparenz vermittelt den Teilnehmenden den Eindruck, fair und gerecht behandelt zu werden. Alle verfügen nun über denselben Informationsstand.

Geben Sie den Teilnehmenden die Möglichkeit zu einer kurzen Rückmeldung, bevor Sie die erste Phase abschließen, und holen Sie sich „grünes Licht" zum Start in das Mediationsverfahren. Im weiteren Verlauf des Buches schildern wir Ihnen einige einfache Methoden, um Rückmeldung zu Teilnehmererwartungen und vorhandenen Befürchtungen zu bekommen (zum Beispiel die Methoden „Ich bin hier, weil …", „Erwartungsplakate" oder „Zeitungsmethode").

Manchmal reicht aber auch eine ganz einfache Einstiegsfrage, um in einen vertieften Kontakt mit Hoffnungen und Ängsten zu kommen, die den Anfang einer Mediation bestimmen: „Wie geht es Ihnen erst einmal bis hierhin?"

Weitere Fragemöglichkeiten sind:

- „Möchten Sie noch etwas klären, bevor wir gemeinsam in Ihre Konfliktthemen einsteigen?"
- „Wie geht es Ihnen damit, heute hier zu sein?"
- „Gibt es noch Hindernisse, bevor wir in die Themenklärung einsteigen?"

Aus den Antworten können Sie Rückschlüsse auf die innere Beteiligung der Teilnehmenden ziehen.

FAQ: Die häufigsten Teilnehmerfragen in unseren Mediationsausbildungen

Teilnehmerfrage: In welcher Reihenfolge findet die Vorstellungsrunde statt?
Antwort: Eine Runde ist eine Runde ... Die Teilnehmenden kommen nacheinander zu Wort und sprechen in der Reihenfolge, in der sie sitzen.
Teilnehmerfrage: Macht sich das Mediationsteam während der Vorstellungsrunde Notizen?
Antwort: Insbesondere dann, wenn sich die Teilnehmenden untereinander noch nicht so gut kennen, kann das Mediationsteam Namen, Zuständigkeiten, Ränge, Betriebszugehörigkeit oder (in kleineren Runden) Erwartungen an einer Stellwand visualisieren.
Teilnehmerfrage: Wie geht das Mediationsteam mit Abschweifungen in der Vorstellungsrunde um?
Antwort: Immer wieder kommen Konfliktparteien bereits in der Vorstellungsrunde auf ihre eigentlichen Anliegen zu sprechen. Es besteht die Gefahr, dass andere Streitparteien darauf einsteigen, bevor der Ablauf des Verfahrens und der sichere Rahmen vereinbart wurden. Reagieren Sie emphatisch auf den Teilnehmerwunsch, direkt zur Sache zu kommen. Erkennen Sie die Dringlichkeit der Anliegen an und bitten Sie die Teilnehmenden um ein wenig Geduld, damit Sie die erste Phase der Mediation zunächst vollständig abschließen können.
Teilnehmerfrage: Wie kann ich reagieren, wenn Teilnehmer Ängste oder Unwohlsein äußern?
Antwort: Gehen Sie auf Störungen ein, indem Sie das Gesagte würdigen und die Bedürfnisse (in der Anfangsphase häufig „Sicherheit“ und „Klarheit“) hinter den Teilnehmeraussagen hören und benennen. Für die Teilnehmenden ist Ihre empathische Zuwendung das Signal, dass sie keinen Schaden nehmen, wenn sie sich im Rahmen der Mediation offen und ehrlich äußern.

Begrüßung durch das Mediationsteam

Die Streitparteien durchleben zu Beginn einer Mediation ein Wechselbad der Gefühle. Sie orientieren sich im Raum, suchen sich einen Platz und „beschnuppern“ das Mediationsteam. Oft zeigen sie Symptome von Anspannung, der Blutdruck ist erhöht und der Blick wandert. Wer selbst einmal als Streitpartei an einer Mediation teilgenommen hat, weiß, wie aufregend es ist, ein wichtiges Anliegen unter der Leitung einer fremden Person im Rahmen eines ungewohnten Verfahrens zu klären.

Die Begrüßung dient dem Aufbau von Vertrauen und der Entspannung der Teilnehmer. Ein Willkommensplakat bietet einen angenehmen Orientierungspunkt. Als Motiv können Sie das Bild eines Teams verwenden, wie wir es auf nebenstehender

Abbildung zeigen. Die Mediatoren begrüßen die Streitparteien und bedanken sich für ihr Kommen. Sie bieten den Konfliktparteien Getränke an und zeigen ihnen die Örtlichkeiten. Die Streitparteien erhalten Zeit, um „anzukommen" und ihre Unsicherheit abzulegen.

Verteilen Sie Ihre Freundlichkeit ausgeglichen auf die Teilnehmer. Streitparteien beäugen kritisch, wem sich das Mediationsteam in welchem Ausmaß zuwendet. Achten Sie auf Ihre Körpersprache: Unser Film „Der neue Messeauftritt" zeigt, wie die Mediatoren durch offene Gesten mit leicht geöffneter Hand (zum Beispiel einladende Armbewegungen in Richtung aller Teilnehmenden) ihr Interesse und ihre Allparteilichkeit gegenüber den Teilnehmenden unterstreichen.

FAQ: Die häufigsten Teilnehmerfragen in unseren Mediationsausbildungen

Teilnehmerfrage: Spielt bei der Begrüßung die Reihenfolge eine Rolle?
Antwort: Begrüßen Sie die Teilnehmer nicht nach sozialer Position, sondern in der Reihenfolge ihrer Ankunft oder der Sitzordnung (z.B. im Kreis von links nach rechts). Sprechen Sie die Teilnehmer mit ihrem Namen an. Würdigen Sie die Rolle der Teilnehmer im Vorfeld der Mediation („Guten Tag, Frau Meier, wir haben bereits bei der Auftragsvergabe miteinander telefoniert ...") und gegebenenfalls besondere Ränge („Herr Müller, herzlichen Dank für die Einladung in Ihr Unternehmen").
Teilnehmerfrage: Wie geht das Mediationsteam mit Teilnehmern um, die zu früh eintreffen?
Antwort: Ein längerer Smalltalk mit Einzelpersonen kann zu Missverständnissen führen, wenn andere Teilnehmende den Eindruck bekommen, dass das Mediationsteam einer Einzelperson näher steht als ihnen. Bieten Sie vorzeitig eintreffenden Teilnehmern besser ein Getränk im Warteraum an oder verlassen Sie den Mediationsraum, um anderswo Ihre Vorbereitungen abzuschließen.
Teilnehmerfrage: Welche Sitzordnung bietet sich für eine Mediation an?
Antwort: Die gängige Sitzordnung bei der Mediation von Gruppen und Teams ist ein offener Halbkreis. Sie bietet dem Mediationsteam Platz für Flipchart und Stellwände. Wer in einem Halbkreis sitzt, blickt automatisch auf ein gemeinsames Ziel. Von einer konfrontativen Sitzordnung, bei der sich die Konfliktparteien gegenübersitzen, raten wir ab.

Teilnehmerfrage: Wo sitzt das Mediationsteam und wer begrüßt die Konfliktparteien?

Antwort: Die Mediatoren wählen ihre Plätze im Voraus, um eine optimale Vermittlungsposition innezuhaben. Die Konfliktparteien werden von beiden Mediatoren abwechselnd nacheinander begrüßt.

Vereinbarungen zu Vertraulichkeit, Verantwortung und Gesprächsregeln

Bevor das Mediationsteam die Anliegen der Konfliktparteien erfragt, trifft es mit den Beteiligten Vereinbarungen zu Vertraulichkeit, Verantwortlichkeit und den Gesprächsregeln. Wenn Sie die Vereinbarungen schriftlich verteilen, fällt es den

Konfliktparteien leichter, Ihren Vorschlägen zu folgen. Gehen Sie die Abmachungen mit den Beteiligten Punkt für Punkt durch. Holen Sie sich von allen Teilnehmenden zu jedem der drei Punkte ein Kopfnicken ab, das die Abmachung besiegelt.

Vertraulichkeit

- Alles, was in diesem Raum gesagt wird, bleibt unter den Anwesenden.
- Die Weitergabe von Informationen an andere wird gesondert mit allen Anwesenden abgesprochen.

Verantwortung

- Jede anwesende Person trägt die volle Verantwortung für sich selbst. Sie übernimmt Verantwortung für das, was sie sagt. Jede Person äußert ihre Bedürfnisse und Störungen.
- Jede Person übernimmt die Verantwortung für die verabredeten Vereinbarungen und deren Umsetzung.

Gesprächsregeln

- Die Anwesenden lassen sich gegenseitig ausreden. Alle Beteiligten bemühen sich, für sich selbst zu sprechen.

FAQ: Die häufigsten Teilnehmerfragen in unseren Mediationsausbildungen

Teilnehmerfrage: Müssen in jeder Gruppe Gesprächsregeln vereinbart werden?
Antwort: Regeln geben der Gruppe (wie auch manchen Mediatoren) Sicherheit. Sie können auch später bei Bedarf vereinbart werden. Allerdings: Werden Gesprächsregeln vereinbart, sollte bei einer Nichtbeachtung auch darauf eingegangen werden, ohne die Konfliktparteien dabei zu belehren oder allzu sehr einzugrenzen.
Teilnehmerfrage: Lässt sich Offenheit „auf Knopfdruck" herstellen?
Antwort: Nein. Das Mediationsteam schafft in der ersten Phase der Mediation Voraussetzungen, die Offenheit begünstigen. Es hat aber keine inhaltliche Verantwortung für den Mediationsprozess. Wie weit Konfliktparteien ihre Themen und ihr Hintergrundwissen in den Prozess einbringen, ist ihre eigene Entscheidung. Offenheit wächst in einem empathischen Klima. Konfliktparteien haben ein gutes Gespür, für welche Aussagen sie zu welchem Zeitpunkt Verantwortung übernehmen können.

Teilnehmerfrage: Was passiert, wenn sich die Teilnehmer uneinig über Abmachungen sind?

Antwort: Unter Vertraulichkeit, Verantwortung und Gesprächsregeln versteht jeder Mensch etwas anderes. Austausch zu den Abmachungen ist deshalb ausdrücklich erwünscht. Durch Rückfragen entsteht Klarheit, ob die Konfliktparteien bereit sind, die Abmachungen mit Leben zu füllen. Im Regelfall einigt sich die Gruppe untereinander, wie weit oder eng sie die Grenze für Vertraulichkeit ziehen will. Jede Vereinbarung kann an die Gruppenbedürfnisse angepasst werden.

Das Mediationsteam stellt seine Rolle und den Verfahrensablauf vor

Konfliktparteien, die zum ersten Mal an einer Mediation teilnehmen, sind unsicher, was sie im Verlauf der Konfliktklärung erwartet. Deshalb vermittelt das Mediationsteam in der ersten Phase der Mediation einen schematischen Überblick über den Ablauf des Verfahrens. Unser Film „Der neue Messeauftritt" zeigt, wie einer der beiden Mediatoren zum Flipchart geht und die Phasen der Mediation nacheinander kurz vorstellt.

Auch die Rolle des Mediationsteams sollte vor Beginn der Konfliktklärung kurz thematisiert werden. Mediation ist für viele Menschen ein wenig vertrautes Verfahren, weil Mediatoren im Gegensatz zu Richtern, Lehrern oder Eltern weder über den Wahrheitsgehalt von Teilnehmeraussagen entscheiden noch Lösungsvorschläge unterbreiten. Informieren Sie die Konfliktparteien darüber, dass Sie sich im Gespräch inhaltlich neutral und allparteilich verhalten werden. Sie als Mediationsteam sorgen für den fairen Rahmen, die Streitparteien für die Inhalte des Verfahrens.

Beschränken Sie Ihre Botschaften auf das Wesentliche. Die Konfliktparteien sind angespannt und für theoretische Feinheiten Ihres Konzepts momentan wenig aufnahmebereit. Werfen Sie abschließend einen Blick in die Runde. Wenn Einverständnis über das Gesagte herrscht, können Sie zur nächsten Phase der Mediation überwechseln.

FAQ: Die häufigsten Teilnehmerfragen in unseren Mediationsausbildungen

Teilnehmerfrage: Wie bekommt man ein Gefühl für die richtige Länge der ersten Mediationsphase?

Antwort: Wie viele Fragen Teilnehmer zur ersten Phase der Mediation stellen, können Sie vorab nicht wissen. Ihre Moderationsanteile zu Ihrer Rolle, zum Verfahren und zu den Abmachungen können Sie jedoch abschätzen, indem Sie die Moderation vorab in einer Übungsgruppe oder vor dem Spiegel trainieren. Lassen Sie sich Feedback geben, an welchen Stellen Ihre Informationen gut verständlich waren und wann sie nicht beim Empfänger ankamen. Stoppen Sie die Zeit für Ihre Moderation ab und rechnen Sie Pufferzeit für Nachfragen und kurze Unterbrechungen hinzu.

Teilnehmerfrage: Wie viele Flipchart-Poster sollten in der ersten Phase eingesetzt werden?
Antwort: Jedes Mediationsteam gestaltet die Visualisierung in der ersten Phase einer Mediation anders. Versetzen Sie sich in Ihren Kunden und überlegen Sie sich, was die Streitparteien am nötigsten brauchen. Ein Begrüßungsplakat, das Vertrauen schafft? Ein Ablaufplan, der Orientierung gibt? Eine Darstellung der Abmachungen, die das Verständnis erleichtert? Treffen Sie eine Auswahl. Zu viele Plakate erinnern an einen Vortrag.
Teilnehmerfrage: Wie stellen sich Assistenten und Co-Mediatoren vor?
Antwort: Machen Sie von Anfang an deutlich, welche Aufgaben und Verantwortung Co-Mediatoren und Assistenten haben. Wenn die Rollen von Co-Mediatoren und Assistenten transparent sind, steigt das Vertrauen der Teilnehmenden in die Menschen, die diese Rollen ausfüllen. Leben Sie die Aufgabenverteilung und Ränge von Anfang an deutlich vor: Wechseln Sie einander in der Moderation ab, wenn Sie gleichberechtigt arbeiten, oder legen Sie die Moderation in die Hand des Wortführers, wenn Sie eine klare Rangstruktur ausdrücken wollen.

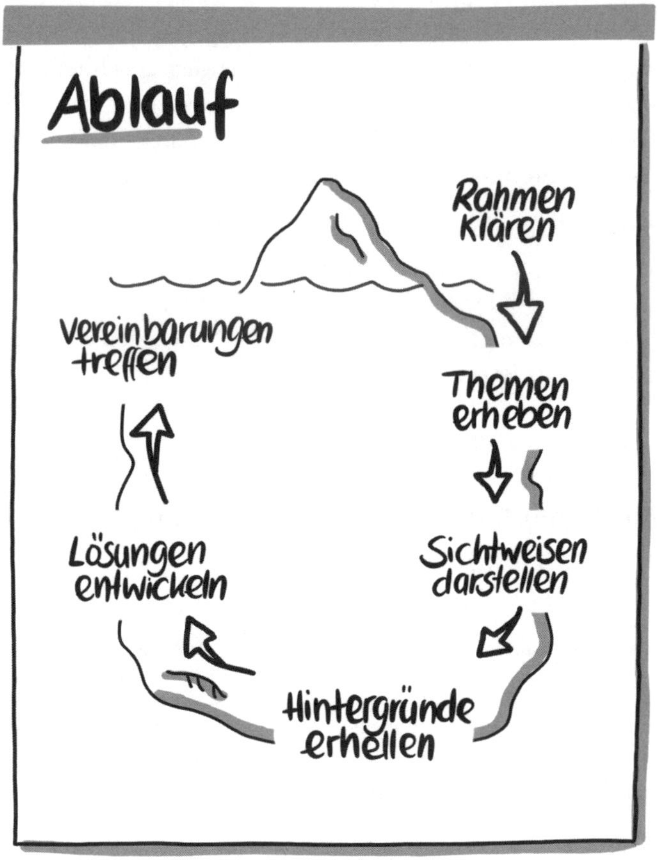

„Ich bin hier, weil ...“

Die Mitglieder einer Gruppe oder eines Teams haben unterschiedliche Gründe, an der Konfliktklärung teilzunehmen. Die Methode „Ich bin hier, weil ...“ macht abweichende Motivationslagen für alle sichtbar. Nachdem Sie die Gruppe begrüßt, den Rahmen bekannt gegeben und die wichtigsten Abmachungen mit den Konfliktparteien getroffen haben, bitten Sie die Teilnehmer, sich unterschiedlichen Aussagen im Raum zuzuordnen.

Dazu legen Sie – wie der Film „Das Beraternetzwerk“ zeigt – vorbereitete Blätter mit unterschiedlichen Aussagen zum Konflikt im Raum aus.

- „Ich bin hier, weil die anderen auch da sind.“
- „Ich bin hier, weil ich die Mediation zur Teamentwicklung wichtig finde.“
- „Ich bin hier, weil ich ein Interesse habe, Dinge zu klären.“
- „Ich bin hier, weil es angeordnet ist.“

Laden Sie die Streitparteien ein, sich zu der Aussage zu stellen, die ihre Motivationslage am besten trifft. Fragen Sie die Teilnehmenden anschließend nach einigen Erläuterungen zu ihrem Standpunkt. Hören Sie aktiv zu und fassen Sie das Gesagte empathisch zusammen. Danken Sie den Teilnehmern abschließend für ihre Bereitschaft mitzumachen und bitten Sie sie, wieder Platz zu nehmen.

Mit dieser Methode erhalten Sie einen schnellen Überblick über die Hintergründe der Teilnahme. Sie zeigen ihre Akzeptanz gegenüber unterschiedlichen Stimmungslagen. Falls Teilnehmer innere Widerstände gegen die Mediation spüren, werden diese schon zu Beginn thematisiert und geklärt. Möglicherweise lassen sich wichtige Stolpersteine für das Verfahren bereits jetzt beseitigen.

FAQ: Die häufigsten Teilnehmerfragen in unseren Mediationsausbildungen

Teilnehmerfrage: Wo können sich Teilnehmer hinstellen, die keine passende Aussage finden?

Antwort: Wenn sich einzelne Konfliktparteien mit keiner der vorhandenen Aussagen identifizieren, kann das Mediationsteam der Auswahl eine nicht beschriftete „Joker“-Karte („Ich bin hier, weil ...“) hinzufügen. Von dieser Karte aus können die Teilnehmenden eigene Aussagen formulieren.

Teilnehmerfrage: Wie gehe ich mit zögernden Teilnehmern um?
Antwort: Lassen Sie den Konfliktparteien Zeit bei der Auswahl ihres Standpunkts. In einem Konflikt schlagen häufig mehrere Seelen in einer Brust. Die Entscheidung fällt nicht immer leicht. Im Film „Das Beraternetzwerk" macht eine Teilnehmerin das Mediationsteam darauf aufmerksam, dass für sie auch noch eine andere Position gepasst hätte.
Teilnehmerfrage: Gehören positiv gestimmte Teilnehmer in eine Mediation?
Antwort: Nicht alle Mitglieder einer Gruppe oder eines Teams sind von einem Konflikt gleich betroffen. Sogar bei ähnlich betroffenen Mitgliedern kann die jeweilige Stimmung erheblich anders sein. Menschen gehen unterschiedlich mit Konflikten um. Nehmen Sie deshalb alle Stimmungen gleich einfühlsam auf. Kalkulieren Sie von Beginn an ein, dass sich die Stimmung von Einzelnen bei der Konfliktklärung (auch mehrfach und schlagartig) ändern kann.

Meine Investition

Die Methode „Meine Investition“ ist eine weitere Möglichkeit, die Vorstellungsrunde mit einer Motivationsabfrage zu verbinden. Bereiten Sie eine Pinnwand vor, die vier Spalten mit den Titeln „Name“, „Funktion“, „Ziel der Konfliktklärung“ und „Meine Investitionsbereitschaft“ enthält. Die Pinnwand trägt die Überschrift: „Persönliche Vorstellung und Investitionsbereitschaft“.

Teilen Sie jeder Person vier verschiedenfarbige helle Karten, einen Moderationsstift und Spielgeld mit unterschiedlichen Wertangaben aus. Bitten Sie die Teilnehmenden, auf die Moderationskarten in großer lesbarer Schrift Stichwörter zu den Spaltenüberschriften „Name“, Funktion“, „Ziel der Konfliktklärung“ und „Meine Investitionsbereitschaft“ zu schreiben.

Mit „Investitionsbereitschaft“ ist eine persönliche Investition gemeint, die die Beteiligten dem „Ziel der Konfliktklärung“ näher bringt. Nennen Sie Beispiele für persönliche Investitionsbereitschaft: „Vielleicht nehmen Sie sich vor, die Anliegen der anderen Konfliktparteien erst in eigenen Worten zusammenzufassen und abzuwägen, bevor Sie antworten. Oder Sie lassen eine andere Person, deren Meinung sie aufregt, erst in Ruhe ausreden. Es könnte auch sein, dass Sie heute den Mut aufbringen, ein Thema anzusprechen, bei dem Sie befürchten, sich unbeliebt zu machen.“

Wenn alle Teilnehmenden ihre Karten ausgefüllt haben, bittet das Mediationsteam die Streitparteien, einzeln an die Pinnwand zu treten und ihre Aussagen vorzustellen. Das Mediationsteam spiegelt die Aussagen und widmet sich insbesondere den Beiträgen zu „Meine Investition“. Bitten Sie jede Streitpartei zusätzlich einen Spielgeldbetrag auszuwählen, der symbolisch für die Investitionsbereitschaft in einen gemeinsamen Topf geworfen wird.

Die Teilnehmer spüren bei dieser Methode, dass die Konfliktklärung Aktivitäten in Form persönlicher Investitionen voraussetzt. Indem sie miterleben, dass alle Anwesenden bereit sind, etwas Konkretes zur Konfliktbearbeitung beizutragen, erfahren sie Transparenz und zusätzliche Motivation.

FAQ: Die häufigsten Teilnehmerfragen in unseren Mediationsausbildungen

Teilnehmerfrage: Spielt es eine Rolle, wenn Teilnehmer stark abweichende Beträge investieren?
Antwort: Achten Sie in erster Linie auf die inhaltlichen Aussagen der Streitparteien. Die genannten Geldbeträge sind nur in Bezug auf das Gesagte zu verstehen. Der Zahlenwert wird nicht verglichen.
Teilnehmerfrage: Was mache ich, wenn eine Partei keine Investitionsbereitschaft zeigt?
Antwort: Geben Sie Empathie für das Anliegen der Person. Möglicherweise ist diese Partei nicht freiwillig in der Mediation und deshalb (noch) nicht bereit, etwas in die Aussprache zu investieren. Sprechen Sie offen an, was die Person möglicherweise gerade fühlt und welche Bedürfnisse stark im Mangel sind (zum Beispiel „Selbstbestimmung“). Fragen Sie nach, ob die Person die Mediation nutzen könnte, um ein eigenes Anliegen anzusprechen oder zu klären. Streitparteien überdenken häufig ihre abweisende Haltung, wenn sie Einfühlung für ihre Anliegen erhalten.
Teilnehmerfrage: Wie viel Zeit bekommen die Streitparteien zum Überlegen?
Antwort: Geben Sie ausreichend Gelegenheit, sich in die persönliche Investitionsbereitschaft einzufühlen. Die Konfliktparteien stimmen sich mit dieser Methode innerlich auf die Mediation ein.

Erwartungsplakate

Erwartungsplakate geben den Teilnehmenden die Möglichkeit, mit Zeit und Ruhe in den Mediationsprozess einzusteigen. Die Streitparteien schreiben ihre Erwartungen und Befürchtungen auf vorbereitete Stellwände und treten auf diese Weise in einen „stummen Dialog" ein. Die Mediatoren erhalten durch die Flipchart-Ergebnisse ein deutliches Bild von der Stimmungslage.

Bereiten Sie für diese Methode Stellwände vor, die so im Raum platziert werden, dass mehrere Personen gleichzeitig an ihnen arbeiten können. Schreiben Sie auf jede Stellwand eine Leitfrage als Überschrift. Im Film „Landesbüro Verband für Sozialarbeit" benutzen wir die Leitfragen:

- „Ich erwarte von heute …"
- „Das soll hier nicht passieren …"

Bitten Sie die Teilnehmenden, sich einen Stift zu nehmen und gemeinsam an die Stellwände zu treten. Laden Sie dazu ein, von Stellwand zu Stellwand zu gehen und eigene Aussagen zu den Leitfragen auf die Stellwände zu notieren. Weisen Sie ausdrücklich darauf hin, dass Aussagen anderer ergänzt werden dürfen. Nicht nur Gedanken, sondern auch Gefühlsäußerungen können hier notiert werden.

Wenn die Beiträge weniger werden oder nur noch einer schreibt, laden Sie die Konfliktparteien dazu ein, schweigend von Stellwand zu Stellwand zu wandern und sich die Aussagen in Ruhe durchzulesen. Wenn die Teilnehmenden wieder Platz genommen haben, kann das Mediationsteam die Aussagen durch kurze Zusammenfassungen würdigen, Verständnisfragen stellen und Zusammenhänge aufzeigen. Die Methode erleichtert den Teilnehmenden den Abstand von vorhergehenden Ereignissen (zum Beispiel Büroarbeit, Verkehrsstau …) und den Einstieg in die Konfliktklärung. Sie gibt ihnen einen schnellen Überblick über die Stimmungslage der Anwesenden.

FAQ: Die häufigsten Teilnehmerfragen in unseren Mediationsausbildungen

Teilnehmerfrage: Wie gehe ich vor, wenn im Veranstaltungsraum keine Stellwände stehen oder der Raum nicht genug Platz bietet?

Antwort: Improvisieren Sie mit den Gegebenheiten. Bekleben Sie Türen, Wände oder Fensterflächen mit Flipchart-Papier und räumen Sie die Stühle an die Seite. Körperliche Aktivität und Spontanität bringen Schwung in eine Konfliktklärung.

Teilnehmerfrage: Funktioniert diese Methode auch bei stark angeheizten Konflikten?
Antwort: Gerade bei stark angeheizten Konflikten können mit dieser Methode bereits am Anfang der Mediation Ängste und „Hilferufe“ für alle sichtbar geäußert werden. Teilnehmende haben die Möglichkeit, ihre Anliegen an der Stellwand anonym auszudrücken. Um „Scharmützel auf der Stellwand“ zu vermeiden, verzichten wir bei stark eskalierten Fällen darauf, zu Ergänzungen und Kommentaren anderer Teilnehmeraussagen einzuladen.
Teilnehmerfrage: Wie gehe ich mit den Ergebnissen um?
Antwort: Nachdem Sie die Teilnehmeraussagen wie oben beschrieben gewürdigt haben, können Sie die Ergebnisse in den Hintergrund räumen oder an die Wand hängen. Am Ende der Mediation lohnt sich ein zweiter Blick auf die Plakate: Konnten die Erwartungen erfüllt werden?

Was soll heute
nicht passieren?

12. Phase 2: Themen erheben und priorisieren

In der zweiten Phase der Mediation werden die Themen erhoben. Anschließend wird gemeinsam festgelegt, in welcher Reihenfolge die Themen bearbeitet werden sollen. Die zweite Phase benötigt wenig Zeit und Aufwand, wenn nur ein Thema im Raum steht und dieses für alle Beteiligten in groben Zügen klar ist. Bei der Mediation von Gruppen und Teams ist dies jedoch im Unterschied zur klassischen Zweiparteienmediation selten der Fall. Die Teilnehmer bringen abweichende Themen in die Konfliktvermittlung ein und müssen sich zwangsläufig über die Reihenfolge der Bearbeitung einigen. Damit die zweite Phase auch in einer großen Gruppe effektiv und effizient abläuft, teilen wir die Phase 2 in die Phasen 2a) „Themen erheben" und 2b) „Themen priorisieren" auf und schlagen passende Methoden für jede Teilphase vor.

Phase 2a: Die Themen erheben

Ab hier beginnt der eigentliche Gesprächsprozess mit der Darstellung der Konfliktthemen. Bei kleinen Teams können Sie die Teilnehmenden der Reihe nach zu ihren Anliegen befragen. Die passende Leitfrage schreiben Sie als Überschrift auf ein Flipchart-Poster.

Beispiele für Leitfragen zur Themenerhebung:

- „Was ist aus Ihrer Sicht passiert?"
- „Was soll Ihrer Ansicht nach in der Mediation besprochen werden?"

Die Beiträge der Teilnehmenden können Sie auf Moderationskarten mitschreiben. Jedes Mal, wenn ein Teilnehmer seine Darstellung beendet hat, fassen Sie seine Inhalte aktiv zusammen und überprüfen durch Nachfrage, ob Ihre Notizen auf der Moderationskarte für den Erzähler passen. Anschließend kleben Sie die (gegebenenfalls korrigierte) Karte unter die Überschrift Ihres Flipchart-Posters. Beispiele für aktives Zuhören in der Phase 2a) finden Sie in den Video-Tutorials bei den Methoden „Meine Sicht der Dinge" (Fall 2: Landesbüro), „Sternpositionierung" (Fall 3: Messeauftritt) und „Zeitungsmethode" (Fall 1: Beraternetzwerk).

Je größer die Gruppe und desto komplexer das Thema ist, desto ineffizienter sind einfache Anhörrunden. Stellen Sie sich eine 20-köpfige Gruppe vor: Nicht jeder

Teilnehmer ist ein geborener Redner, viele Aspekte wiederholen sich oder werden in Geschichten verpackt, die weit vom Thema wegführen. Wenn der letzte Sprecher nach wenigstens 20 Minuten von seinen Themenvorschlägen berichtet, sind die ersten fünf Redner bereits „in tiefen Schlaf versunken". Andere Themen wurden vielleicht bereits seit Monaten in Meetings und Supervisionen von der Gruppe „zerkaut". Eine unerwartete Methode kann in diesem Fall neue Einsichten begünstigen.

Die Methode „Ihre Sicht der Dinge" in unserem Film „Landesbüro Verband für Sozialarbeit" zeigt eine unkonventionelle Herangehensweise, bei der die Teilnehmenden ihren Konflikt in einem Bild darstellen. Keine Angst, die Methode funktioniert auch in gehobenen Managementkreisen ganz ausgezeichnet. Obwohl Malen und Zeichnen oft Unsicherheit hervorrufen, zeigen die Bilder und Skizzen schnell und deutlich, was den Beteiligten Sorgen macht. Dementsprechend zufrieden sind die Streitparteien anschließend mit ihrer Darstellung, selbst wenn diese nur aus ein paar groben Strichen besteht.

Die „Zeitungsmethode" und die „Sternpositionierung" bringen auch große Gruppen in einen intensiven, kurzweiligen Austausch. Bei der „Sternpositionierung" kann jeder Beteiligte ein kurzes Statement zu seinem Thema abgeben. Die anderen Teammitglieder gruppieren sich nach Grad der Zustimmung nah oder entfernt zum Sprecher. Mit dieser Methode kann das Mediationsteam die Meinung von zehn, zwanzig oder mehr Personen in kurzer Zeit erfassen. Die Bewegung sorgt für eine ständige Aktivierung der Teilnehmenden. Bei der „Zeitungsmethode" basteln die Teilnehmer Symbole aus Papier. Hier liegt der Reiz in den Symbolen, die zu einer Fokussierung der Aussage führen und die Aufmerksamkeit der Teilnehmenden wachhalten.

Phase 2b: Die Themen priorisieren

In der Zweiparteienmediation wird über die Reihenfolge der Themen meist offen zwischen den Streitparteien verhandelt. Eine Spezialmethode für den Aushandlungsprozess würde in diesem Setting unnötig Zeit und Konzentration kosten. Auch bei der Mediation von Gruppen und Teams kann eine offene Verhandlung ein schnelles und klares Ergebnis liefern, wie die Methode „Themenliste" in unserem Film „Landesbüro Verband für Sozialarbeit" zeigt. Meistens liegt der Fall jedoch genau umgekehrt. Der offene Aushandlungsprozess über die Themenreihenfolge zieht sich in die Länge und raubt den Beteiligten Zeit und Nerven.

Für große Gruppen und bei stark unterschiedlichen Interessenslagen empfehlen wir Ihnen deshalb die Methode des „Clusterns und Punktens", die wir in unterschiedlichen

Varianten in den Filmen „Der neue Messeauftritt“ und „Das Beraternetzwerk“ zeigen. Die Teilnehmenden stimmen über ihre Prioritäten ab, indem sie an die Themen auf dem Plakat Punkte vergeben. Erst anschließend wird abgewogen, ob es gegen das entstandene Stimmungsbild schwerwiegende Einwände gibt.

FAQ: Die häufigsten Teilnehmerfragen in unseren Mediationsausbildungen

Teilnehmerfrage: Merkt das Mediationsteam, ob die wichtigsten Themen genannt wurden?
Antwort: Neue Themen können im Verlauf des Gesprächs jederzeit hinzukommen. Deshalb fragt der Mediator in unserem Film „Landesbüro Verband für Sozialarbeit“ die Teilnehmenden vor der Abstimmung, ob die Themenliste wirklich vollständig ist. Es sind nicht immer die wichtigsten Themen, die zuerst genannt werden. Häufig sind „Nachzügler-Themen“ für den Mediationsverlauf ganz entscheidend.
Teilnehmerfrage: Stellt das Mediationsteam Nachfragen zu den Themenvorschlägen?
Antwort: Das Mediationsteam hört bei der Themensammlung aktiv zu. Es ist eine hohe Kunst, auch den letzten Teilnehmern einer Runde Präsenz und Aufmerksamkeit zu schenken. Diese Beobachtung spricht für die Arbeit zu zweit bei der Mediation von Gruppen und Teams. Wechseln Sie sich ab und nutzen Sie Sprechpausen, um sich kurz zu erholen. Wenn das Mediationsteam auch Zweit- und Drittschilderungen präzise zusammenfasst, vermittelt es der Gruppe Vertrauen in seine Allparteilichkeit.
Teilnehmerfrage: Wie gehe ich bei der Themenerhebung von ganz großen Gruppen vor?
Antwort: Große Gruppen können bei der Themenerhebung geteilt werden. Das Mediationsteam verteilt sich auf mehrere Räume. Anschließend stellen die Teilgruppen im Gesamtplenum ihre Ergebnisse vor und bilden Themengruppen. Gemeinsam wird auf das Gesamtbild geschaut und entschieden, mit welchem Thema die Gruppe in die Konfliktklärung einsteigen will.

Zeitungsmethode

Die Zeitungsmethode ist ein Universalhandwerkszeug, das Sie mit etwas Fantasie für alle möglichen Fragestellungen und an jeder beliebigen Stelle eines Moderationsprozesses einsetzen können. Bei der Mediation nutzen wir die Zeitungsmethode für den Einstieg in den Prozess. Sie erhalten dadurch einen schnellen und frühzeitigen

Eindruck von der Konfliktsituation und bringen die Teilnehmenden durch eine kurzweilige „Bastelarbeit“ in Aktivität.

Verteilen Sie an jede Streitpartei ein Blatt Zeitungspapier. Laden Sie die Anwesenden dazu ein, aus ihrem Blatt Papier ein Symbol zu erstellen. Die Teilnehmer dürfen das Papier falten, knicken, reißen, knüllen oder vorhandene Überschriften und Bilder benutzen. Das Symbol soll sich auf eine Leitfrage beziehen, die Sie vorher auf ein Flipchart schreiben.

Beispiele für Leitfragen:

- „Was ist aus Ihrer Sicht los im Team?“
- „Wie ist zurzeit die Stimmung in Ihrer Gruppe?“
- „Wie geht es Ihnen mit dem Konflikt in Ihrem Unternehmen (bzw. Verband/in Ihrer Abteilung ...)?“

Unser Film „Das Beraternetzwerk“ zeigt, wie das Mediationsteam die Aufgabenstellung vormacht. Der Mediator nimmt sich ein Blatt Zeitungspapier, knüllt die Seite zusammen, formt daraus einen Ball und wirft ihn seinem Co-Mediator (nach vorhergehendem Handzeichen) mit folgender Erläuterung an den Kopf: „Ich habe einen Ball aus meinem Zeitungspapier geformt. Dieses Symbol bedeutet, dass wir uns nur noch Positionen an den Kopf werfen, anstatt uns zuzuhören.“

Geben Sie den Teilnehmern einige Minuten zum Überlegen und Basteln. Laden Sie sie anschließend zu einer Vorstellungsrunde ein, mit Darstellung ihres Symbols und dessen Bedeutung.

FAQ: Die häufigsten Teilnehmerfragen in unseren Mediationsausbildungen

Teilnehmerfrage: Gibt es Teilnehmer, denen Basteln schwerfällt und die kein Symbol finden?

Antwort: In der Praxis beobachten wir eher das Gegenteil. Es entstehen vielfältige Ergebnisse, die selbst erfahrene Anwender der Methode immer wieder überraschen.
In der Regel macht die Methode den Teilnehmenden Spaß und löst häufig sogar Heiterkeit aus.

Teilnehmerfrage: Wie gehe ich mit Teilnehmern um, die bei ihrer Vorstellung ins Theoretisieren kommen?
Antwort: Stellen Sie Fragen, die zum Symbol und zum eigentlichen Anliegen zurückführen: „Was konkret hat Ihre Beschreibung mit Ihnen und dem Konflikt zu tun?“
Teilnehmerfrage: Was mache ich, wenn ich keine Zeitung zur Hand habe?
Antwort: Fragen Sie beim Veranstalter nach der Altpapier-Tonne und stöbern Sie nach einer Zeitung vom Vortag. Oder schneiden Sie ein Flipchart-Poster in Stücke. Opfern Sie ein Fachmagazin aus Ihrer Aktentasche und kaufen Sie sich anschließend ein neues Exemplar ...

Sternpositionierung

Die Methode der „Sternpositionierung" können Sie an vielen Stellen einer Mediation einsetzen. Unser Film „Der neue Messeauftritt" zeigt eine „Sternpositionierung" in der Phase der Themenerhebung. Alle Teilnehmer bilden gemeinsam einen Kreis. Jeweils eine Person tritt in die Kreismitte und trifft eine Aussage zum Konflikt. Die anderen Konfliktparteien positionieren sich im Raum und drücken durch Nähe oder Entfernung zum Sprecher den Grad ihrer Zustimmung zum Gesagten aus.

Bei dieser Methode ist entscheidend, dass die Streitparteien jeweils nur eine Aussage treffen und nicht mehrere Aussagen durch Schachtelsätze miteinander verbinden. Zu der Aussage „Ich bin frustriert, weil immer noch unklar ist, ob das Projekt stattfindet oder nicht" können Teilnehmer eindeutig Zustimmung oder Ablehnung zeigen. Zu der Aussage „Ich bin wütend, weil unklar ist, ob das Projekt stattfindet und weil ich das Projekt gar nicht sinnvoll finde" kann ein Teilnehmer geteilte Meinungen haben. Unser Film „Der neue Messeauftritt" zeigt, wie eine Teilnehmerin zwei Aussagen in einen Satz verschachtelt und der Mediator sie unterstützt, indem er ihr anbietet, beide Teilaussagen einzeln zu überprüfen.

Leiten Sie den Arbeitsschritt mit einem Beispiel ein. Stellen Sie sich selbst in die Mitte des Kreises und treffen Sie eine beispielhafte Aussage: „Bei uns im Team herrscht Unfrieden, weil unsere Rollen nicht klar genug definiert sind." Fordern Sie die Teilnehmenden auf, sich zu der Aussage zu positionieren. Fragen Sie Teilnehmer, die am Außenrand stehen bleiben, ob sie diesen Abstand bewusst einhalten oder ob sie noch überlegen. Anschließend treten alle Teilnehmer zurück in den Kreis.

Bitten Sie nun die Teilnehmer, nacheinander in die Kreismitte zu treten und auszusprechen, was ihrer Ansicht nach die Konfliktthemen sind. Der Co-Mediator notiert die Teilnehmeraussagen auf Moderationskarten und pinnt sie anschließend auf eine Stellwand.

FAQ: Die häufigsten Teilnehmerfragen in unseren Mediationsausbildungen

Teilnehmerfrage: Wo lässt sich die „Sternpositionierung" außerhalb der zweiten Phase einsetzen?
Antwort: Mit einer „Sternpositionierung" können Sie jederzeit Stimmungsabfragen durchführen. Wir setzen die „Sternpositionierung" häufig am Ende einer Mediation ein, um einen

Eindruck von der Zufriedenheit der Teilnehmer mit unserer Arbeit oder dem Mediationsergebnis zu bekommen. Die Leitfrage heißt dann: „Wie ging es Ihnen mit der Konfliktbearbeitung am heutigen Tage?“ Oder: „Wie geht es Ihnen jetzt, nachdem Sie eine Vereinbarung zur Konfliktlösung getroffen haben?“

Teilnehmerfrage: Was mache ich bei längeren Schweigepausen?

Antwort: Jede kreative Arbeit hat Phasen der Aktivität und Phasen der Nachdenklichkeit. Setzen Sie sich nicht unter Druck. Nach einigen Sekunden Wartezeit kommen häufig weitere Aussagen. Wenn nur sehr wenige Themen genannt werden, können Sie diese Beobachtung gegenüber den Streitparteien ansprechen und nach den Ursachen fragen.

Meine Sicht der Dinge

Bei der Methode „Meine Sicht der Dinge“ zeichnet jeder Teilnehmende mit Stift und Papier ein Bild, das seine Sicht auf den Konflikt darstellt. Weil die Konfliktparteien mit einer klassischen mündlichen Befragung rechnen, sind sie von der Arbeit mit Symbolen, Farben und Formen meistens überrascht. Der Perspektivwechsel bringt jedoch neue Erkenntnisse. Er hilft den Teilnehmenden, ihre zentralen Anliegen als Bild auf den Punkt zu bringen, und in der Regel sind sie mit der klaren Sprache ihrer Darstellungen sehr zufrieden.

Verteilen Sie Zeichenblöcke (oder Klemmbretter und Papier), Moderationsstifte und Wachsmalstifte an die Teilnehmenden. Laden Sie sie ein, ihre persönliche Sicht der Dinge spontan aufzuzeichnen: „Wie stellt sich der Konflikt für Sie dar? Finden Sie ein Bild, dass Ihre Sicht der Dinge beschreibt. Sie können frei mit Farben, Formen, Strichmännchen und Symbolen arbeiten.“

Ihre Moderation wird noch deutlicher, wenn Sie den Teilnehmern die Aufgabe einmal vormachen. Sie können beispielsweise ein kleines Labyrinth skizzieren und eine kurze Erklärung zu Ihrer Metapher abgeben: „Meine Kommunikation erreicht ihre Empfänger nicht mehr. Wichtige Informationen gehen verloren …“

Geben Sie den Streitparteien für ihre Skizzen ausreichend Zeit. Laden Sie die Teilnehmenden anschließend dazu ein, der Gruppe ihre Bilder vorzustellen. Die Skizzen werden von den Zuhörern nicht kommentiert oder diskutiert, allerdings dürfen jederzeit Verständnisfragen gestellt werden.

Je länger diese Vorstellungsrunde dauert, desto häufiger nutzen Teilnehmende die Gelegenheit, um sich auf ihre Vorredner zu beziehen. Würdigen Sie diesen Impuls und bitten Sie die Redner, im Anschluss zuerst das eigene Bild vorzustellen. Bei Gruppen mit mehr als zehn Teilnehmern empfehlen wir die Bildung von Kleingruppen, in denen gemeinsam ein Bild erstellt wird.

FAQ: Die häufigsten Teilnehmerfragen in unseren Mediationsausbildungen

Teilnehmerfrage: Führen manche Bilder nicht zu heftigen Diskussionen?

Antwort: Unser Film „Landesbüro Verband für Sozialarbeit“ zeigt eine Situation, in der eine Teilnehmerin bei der Vorstellung ihres Bildes von einem Kollegen attackiert wird. Geben Sie beiden Betroffenen in einem solchen Fall „Erste-Hilfe-Empathie“ (siehe Kapitel „Umgang mit Eskalation“, Seite 44 und „Umgang mit Gruppen-Eskalation“, Seite 45). Würdigen Sie die vorhandenen starken Gefühle und machen Sie anschließend einen Vorschlag zum weiteren Vorgehen. Sobald Einverständnis vorliegt, geben Sie der Teilnehmerin Gelegenheit, die Vorstellung ihres Bildes in Ruhe abzuschließen.

Teilnehmerfrage: Mediationsteilnehmer sagen häufig: „Ich kann nicht zeichnen.“ Was antworte ich?

Antwort: Drücken Sie Ihr Verständnis aus. Sagen Sie den Teilnehmenden, dass Sie keinen Kunstpreis vergeben und kein Werk von Picasso erwarten. Das Bild soll als Gedankenstütze dienen, wenn die Teilnehmenden anschließend von ihrer Sicht der Dinge erzählen. Zeichnen Sie ein Beispielbild in bewusst einfach gehaltenen Formen. Die Teilnehmenden sehen auf diese Weise, dass nichts Kompliziertes von ihnen erwartet wird.

Gruppenbild

Bei der Methode „Gruppenbild“ erstellen die Beteiligten gemeinsam ein Soziogramm des Konflikts. Auf einer Stellwand werden in Kreisform Namensschilder der anwesenden Personen festgepinnt. Zwischen die Namensschilder werden die Konfliktlinien der Streitparteien eingezeichnet und neben bzw. unter den Namen die zu besprechenden Themen befestigt.

Bereiten Sie eine Stellwand mit Namensschildern vor. Erläutern Sie den Teilnehmenden anschließend den Ablauf der Methode. Alle zu klärenden Sach- und Beziehungsthemen werden in das Schaubild eingezeichnet. In unserem Film „Das Beraternetzwerk“ hat sich das Mediationsteam während der vorhergehenden „Zeitungsmethode“ (Phase 2a) Notizen gemacht und Moderationskarten mit Überschriften zu den Konfliktthemen beschriftet. Sind die Betroffenen mit den Vorschlägen einverstanden, hängt das Mediationsteam die Karten an die Stellwand: Beziehungsthemen ordnet es den betreffenden Namen zu, Sachthemen hängt es unter den Kreis der Namensschilder.

Die Methode „Gruppenbild“ funktioniert auch, wenn Sie vorab noch keine Themen erhoben haben. Stellen Sie der Gruppe in diesem Fall offene Fragen zu ihren Konflikten. Wortbeiträge werden auf Karteikarten zusammengefasst und an die Stellwand gepinnt. Gehen Sie schrittweise vor, indem Sie jedes Thema zusammenfassen, die betroffene Person um ein Feedback zu Ihrer Zusammenfassung bitten („Stimmt das so?“) und dann erst die Karte aufhängen.

Zeichnen Sie bei Beziehungsthemen Verbindungslinien zwischen den Betroffenen auf. Besonders gravierende Konflikte können Sie farbig hervorheben. In unserem Film hat der Mediator hocheskalierte Konflikte mit einem Blitz markiert.

Wenn jede Streitpartei ihre Themen und Konfliktlinien eingebracht hat, entscheidet die Gruppe gemeinsam über die Bearbeitungsreihenfolge der Anliegen. Das kann entweder durch einen mündlichen Aushandlungsprozess oder durch die Methode „Clustern + Punkten“ erfolgen.

FAQ: Die häufigsten Teilnehmerfragen in unseren Mediationsausbildungen

Teilnehmerfrage: Auf der Stellwand stehen Sach- und Beziehungsthemen. Welcher Themenbereich wird bei der Abstimmung zuerst behandelt?
Antwort: Über beide Bereiche wird gemeinsam abgestimmt. In unserem Film erhält jeder Teilnehmende mehrere Abstimmungspunkte, die er frei zwischen Sach- und Beziehungsthemen verteilen darf. Er kann die Punkte sowohl auf Konfliktlinien wie auch auf Themenkarten kleben. Nach unserer Erfahrung ist der Beginn mit einem Beziehungsthema am erfolgversprechendsten. Dadurch wird eine Basis für eine spätere Sachauseinandersetzung geschaffen. Dies äußern wir, wenn ein Beziehungs- und ein Sachthema die gleiche Punktzahl haben.
Teilnehmerfrage: Trauen sich die Teilnehmer, direkte Konfliktlinien offen zu benennen?
Antwort: Nicht immer sind die Teilnehmenden schon in der zweiten Phase bereit, „Tacheles“ zu reden. Gelegentlich lehnen es Teilnehmer auch ab, Konflikte zu personalisieren. Nutzen Sie die Kartenabfrage in diesem Fall, um Themen herauszuarbeiten. Alternativ können Sie auch Kleingruppen bilden, wo in einem noch geschützteren Rahmen Sach- und Beziehungsthemen benannt werden können.

Themen priorisieren

Die Mediation von Gruppen und Teams bringt in der Regel eine Reihe von Konfliktthemen ans Licht, die von den Teilnehmenden als unterschiedlich belastend oder dringlich wahrgenommen werden. Die Beteiligten müssen sich entscheiden, mit welchem Thema sie in die Konfliktklärung einsteigen. Es wird eine Reihenfolge festgelegt, die schriftlich festgehalten und schrittweise abgearbeitet wird.

Themenliste

Bei der Methode „Themenliste" stellt das Mediationsteam eine Liste von Aspekten zusammen, die von den Teilnehmenden als Konfliktthemen benannt wurden. In unserem Film „Landesbüro Verband für Sozialarbeit" hat das Mediationsteam alle Themen, die in der vorhergehenden Mediationsphase erarbeitet wurden, noch einmal sauber auf ein Flipchart übertragen.

Der Mediator geht sämtliche Themen durch und fragt die Gruppe, welches Thema Priorität hat. Er sucht einen Konsens zur Bearbeitungsreihenfolge und macht der Gruppe gegebenenfalls einen entsprechenden Vorschlag. Sobald das Einverständnis der Gruppe vorliegt, fahren die Teilnehmenden mit demjenigen Thema fort, das als wichtigstes eingestuft wurde.

Clustern + Punkten

Die Methode „Clustern + Punkten" setzt eine klare Anleitung und Geschick bei der Durchführung voraus. Alle genannten Themen werden zu Themenclustern geordnet und mit Überschriften versehen. Für die Abstimmung erhält jeder Teilnehmende Klebepunkte, mit denen er seine dringlichsten Themen markieren kann. Die Anzahl der Klebepunkte ergibt sich aus der Zahl der Themencluster: Teilen Sie die Summe der Cluster durch zwei und verteilen Sie an jede Konfliktpartei die entsprechende Zahl von Punkten (beispielsweise ergeben acht Themencluster vier Klebepunkte pro Teilnehmer). Davon dürfen von jeder Person höchstens zwei Klebepunkte pro Thema gehäufelt werden. Das Mediationsteam fasst die Ergebnisse zusammen. Unser Film „Der neue Messeauftritt" zeigt, wie der Mediator die Ergebnisse auszählt und die Prioritäten neben die Themen schreibt.

FAQ: Die häufigsten Teilnehmerfragen in unseren Mediationsausbildungen

Teilnehmerfrage: Bleibt die Themenliste im Verlauf der Mediation geöffnet?
Antwort: Neue Themen können auch zu einem späteren Zeitpunkt noch in die Agenda aufgenommen werden. Um Klarheit und Struktur zu gewährleisten, sollte jedoch immer nur ein Thema pro Methode behandelt werden. Neue Themen werden vorgezogen, wenn die Gruppe dies einstimmig wünscht.
Teilnehmerfrage: Muss die Abstimmung mit Klebepunkten anonym erfolgen?
Antwort: Das Mediationsteam bittet alle Teilnehmenden, gleichzeitig zur Themensammlung zu treten und gemeinsam ihre Klebepunkte auf die Themen zu verteilen. Die damit verbundene Dynamik und Unruhe bringen ein ausreichendes Minimum an „Anonymität" mit sich.
Teilnehmerfrage: Wie verhalten sich Teilnehmende, deren Themen zurückgestuft wurden?
Antwort: Unser Film „Der neue Messeauftritt" zeigt Konfliktparteien, die befürchten, dass ihre Themen nicht behandelt werden. Reagieren Sie empathisch und machen Sie deutlich, dass Ihnen bewusst ist, dass auch dieses Thema heute bearbeitet werden soll.

13. Phase 3: Die Sichtweisen darstellen und erhellen

Die dritte Phase der Mediation ist das Herzstück der Konfliktbearbeitung. Nachdem die Themen benannt wurden und die Gruppe sich auf eine Bearbeitungsreihenfolge geeinigt hat, werden die Anliegen wie bei einer Zwiebel Schicht für Schicht näher angeschaut und die Hintergründe des Konflikts beleuchtet.

Das Mediationsteam geht in zwei Schritten vor. Zunächst erfragt es die Sichtweisen der Beteiligten zum Konfliktthema. Häufig nutzen Streitparteien diese Gelegenheit, um sich gegenseitig Vorwürfe zu machen und Forderungen zu erheben. Deshalb arbeitet das Mediationsteam in einem zweiten Schritt die Gefühle heraus, die die gegenseitigen Schuldzuweisungen auslösen sowie die unerfüllten Bedürfnisse, die hinter Forderungen und Positionen verborgen sind. Gelingt dieser Schritt, kann das Mediationsteam die vierte Phase der Mediation einleiten, in der die Streitparteien Lösungen suchen, die die Bedürfnisse aller Beteiligten berücksichtigen.

Gemeinsamkeiten und Unterschiede zwischen Zweiparteien- und Teammediation

In der *Zweiparteienmediation* bittet das Mediationsteam die Streitparteien, nacheinander von ihrer Sichtweise auf den Konflikt zu erzählen. Die Streitparteien erhalten ausreichend Zeit, um sich auszudrücken, das Mediationsteam taucht ganz in die Erlebniswelt der Beteiligten ein. Mit der Haltung und Technik des aktiven Zuhörens erfasst es nicht nur Fakten und Beobachtungen der Streitparteien, sondern auch Gefühle und Bedürfnisse. Die Streitparteien wechseln sich bei ihrer Darstellung ab, auf die Erstschilderung folgen eine Zweit- und Drittschilderung.

Bei der *Mediation von Gruppen und Teams* wird die zur Verfügung stehende Zeit zwischen viel mehr Personen aufgeteilt. Stellen Sie sich beispielsweise eine Umweltmediation vor, bei der Dutzende von Interessensvertretern gemeinsam am Tisch sitzen. Damit jedoch auch hier alle Streitparteien zu Wort kommen und alle wichtigen Anliegen widergespiegelt werden, wählt das Mediationsteam Methoden aus, bei denen einerseits die Bedürfnisse aller Beteiligten zur Sprache kommen, die andererseits aber auch strukturell besonders effizient sind.

Phase 3a): Die Sichtweisen darstellen

In unseren Video-Tutorials stellen wir Ihnen fünf Methoden für die Schilderung der Sichtweise vor. Die Methode „Kontrollierter Dialog“ eignet sich besonders in eskalierten Konflikten. Jeder Redner fasst das Gesagte des Vorredners zusammen, bevor er mit einem eigenen Statement fortfährt. Diese Methode verlangsamt das Verfahren und führt zu besserem gegenseitigem Verständnis. Insbesondere wenn sich das Gespräch überschlägt oder zwei Einzelpersonen einen harten Schlagabtausch führen, führt der „Kontrollierte Dialog“ dazu, dass Argumente gehört und anschließend gewürdigt werden können.

Bei der „Stimmungsabfrage mit Skalierung“ und der „Räumlichen Aufstellung“ werden die Streitparteien zu ihrer momentanen Stimmung befragt. Sie positionieren sich auf einer Skala und erläutern die Wahl ihres Standortes mit wenigen Worten. Das Mediationsteam hört empathisch zu und führt die Gruppe anschließend zügig weiter durch die Konfliktdarstellung.

Das „GFK-Formular“ funktioniert auch, wenn Gruppen noch überhaupt keine Erfahrung mit Gewaltfreier Kommunikation (GFK) haben. In einer Einzelarbeit beschreiben die Teilnehmenden auf einem Blatt Papier ihren Konflikt. Weil die Leitfragen des Arbeitsblattes bewusst zwischen Beobachtungen, Gefühlen, Bedürfnissen und Bitten unterscheiden, fällt es den Streitparteien bei der darauffolgenden Darstellung ihres Anliegens leichter, „zum Punkt zu kommen“.

Bei der Methode „Problemdreieck“ denkt die Gruppe über stützende Säulen des Konfliktes nach: „Was tun wir aktuell, um den Konflikt zu erhalten?“ Mithilfe einer Kartenabfrage werden Antworten gesammelt und auf ihren wesentlichen Gehalt verdichtet. Hierbei wird klar, dass die Gruppe und oft auch jeder Einzelne zum Konflikterhalt beitragen.

Phase 3b): Die Sichtweisen erhellen

Kleine und große persönliche Verletzungen, die zu einem Gruppenkonflikt geführt haben, werden in der Phase 3b) auf ihren Ursprung zurückverfolgt. Das Mediationsteam erhellt gemeinsam mit den Konfliktparteien die wesentlichen Bedürfnisse, die bei den Beteiligten im Mangel sind. Die Bildsprache der „Autoteile“-Methode hilft den Konfliktparteien, ihre Gruppe oder ihr Team anders zu verstehen. Die Streitparteien sprechen darüber, welches Autoteil sie im Gesamtgetriebe der Gruppe darstellen und welches Autoteil sie eigentlich gerne sein würden. Bei der Betrachtung des Bildes wird nicht nur deutlich, was den Einzelnen fehlt, sondern auch, woran es der Gruppe insgesamt mangelt. Wenn zum Beispiel Lenkrad oder Motor fehlen, erkennen die Streitparteien ohne lange Diskussion, dass der Konflikt gegebenenfalls weniger von Einzelpersonen, sondern durch die Teamstruktur verursacht wird.

Die Methode „Teamschiff" ist ein besonders effizientes Hilfsmittel, um an die mit Gruppenkonflikten verbundenen Gefühle heranzukommen. Die Teilnehmenden stellen körperlich ihre Funktion im Team dar und nutzen dafür das Bild eines Schiffes. Sie sind zum Beispiel Kapitän oder Galeerensklave, Segel oder Ballast der Gruppe. Die körperliche Darstellung erleichtert den Selbstausdruck und den Zugang zu den eigenen Bedürfnissen in der Rolle.

Eine „Kleine Mediation" erfordert höchste Konzentration, denn das Mediationsteam vermittelt dabei zwischen zwei Gruppenmitgliedern, während alle anderen zuhören. Während einer Mediation können mehrere „Kleine Mediationen" stattfinden.

Übergang zur nächsten Phase

Sobald alle Konfliktparteien ihre Sichtweisen und Positionen dargestellt haben, können Sie von der Phase 3a) „Sichtweisen darstellen" zur Phase 3b) „Sichtweisen erhellen" wechseln. Wenn die Beteiligten die „guten Gründe" für das Verhalten der anderen und deren Bedürfnisse erkennen können, ist der Zeitpunkt für den Übergang zur vierten Phase der „Lösungsfindung" gekommen.

Das Ende der dritten Mediationsphase erkennen Sie am Umgang der Konfliktparteien miteinander und an der Körpersprache der Teilnehmer. Sie nehmen stärker Anteil an den Schilderungen der anderen, die Sprache ist unbefangener, der Blickkontakt direkter und die Sitzhaltung offener. Außerdem werden zunehmend Lösungsideen geäußert.

Kontrollierter Dialog

Der „Kontrollierte Dialog" bringt eine besondere Qualität in schwierige Gespräche. Er verlangsamt die Kommunikation und lädt zu einem gründlichen, gegenseitigen Zuhören ein. In seiner Grundform gilt folgendes Ablaufschema: Wer im Gespräch etwas sagen will, fasst zunächst das Gesagte des Vorredners in eigenen Worten (sinngemäß) zusammen. Wenn der Vorredner zustimmend nickt oder „danke" sagt, geht der Dialog weiter. Schüttelt er den Kopf oder sagt er: „Das trifft es noch nicht“, hat der Zuhörer noch einmal Gelegenheit, andere Worte für das Gehörte zu finden.

Der „Kontrollierte Dialog“ kann in vielen Varianten eingeführt werden:

- *Variante 1:* Immer, wenn jemand etwas sagt, fasst der jeweils rechte Sitznachbar das Gesagte in eigenen Worten zusammen, bevor jemand anders mit dem Gespräch fortfährt.
- *Variante 2:* Wer etwas sagt, bittet anschließend eine Wunschperson, die wichtigsten eigenen Aussagen sinngemäß zusammenzufassen und auf eine Moderationskarte zu schreiben.

In unserem Film „Das Beraternetzwerk“ lädt der Mediator die Streitparteien Norbert und Wolfgang dazu ein, ihre Sichtweisen im Rahmen eines „Kontrollierten Dialogs“ auszusprechen. Für beide Streitparteien ist es ungewohnt, nicht gleich antworten zu dürfen. Mehrfach hakt der Mediator ein, um daran zu erinnern, zunächst das Gesagte zu wiederholen. Später spüren die Beteiligten selbst, wie angenehm es ist, wenn sich das Gespräch auf Kernaussagen fokussiert und die Bereitschaft zur gegenseitigen Einfühlung wächst.

FAQ: Die häufigsten Teilnehmerfragen in unseren Mediationsausbildungen

Teilnehmerfrage: Wie verhält sich die Restgruppe, wenn zwei Einzelpersonen einen längeren „Kontrollierten Dialog“ führen?

Antwort: Wenn das Mediationsteam (wie im Film gezeigt) den „Kontrollierten Dialog“ nicht mit der Gesamtgruppe, sondern mit einzelnen Beteiligten führt, kann in der Restgruppe Ungeduld aufkommen. Laden Sie die unbeteiligten Konfliktparteien in diesem Fall dazu ein, die eigenen Gedanken auf ein Blatt Papier zu notieren.

Teilnehmerfrage: Nicht alle Teilnehmer einer Mediation haben „Aktives Zuhören“ gelernt. Funktioniert die Methode „Kontrollierter Dialog“ auch ohne Vorkenntnisse in Gesprächsführung?

Antwort: Manchen Streitparteien fällt es schwer, Gesagtes zusammenzufassen und Anliegen frei von Schuldzuweisungen zu formulieren. Das Mediationsteam hilft den Beteiligten mit Formulierungsvorschlägen weiter, wenn sie die Anliegen des Vorredners nicht zu greifen bekommen. Eine andere Möglichkeit besteht darin, dass das Mediationsteam die Worte des Vorredners selbst noch einmal anders formuliert. Die Methode des „Doppelns“ zeigen wir im Anschluss an den „Kontrollierten Dialog“ im Film „Das Beraternetzwerk“.

Teilnehmerfrage: Wann kann der „Kontrollierte Dialog" gewinnbringend eingesetzt werden?

Antwort: Ein „Kontrollierter Dialog" macht Sinn, wenn die Diskussion sehr erregt geführt wird und die Streitparteien sich gegenseitig ins Wort fallen. Er bietet sich auch an, wenn Konfliktparteien daran zweifeln, dass sie verstanden werden.

Räumliche Aufstellung

Eine „Räumliche Aufstellung" funktioniert wie ein Fieberthermometer, das die Stimmung eines Teams zu einer ausgewählten Fragestellung anzeigt. Das Mediationsteam legt Messwerte (zum Beispiel von 0 bis 10) im Raum aus und bittet die Teilnehmer, sich zu einer bestimmten Fragestellung zu positionieren.

In unserem Film „Der neue Messeauftritt“ hat sich die Gruppe in der zweiten Phase der Mediation für die Bearbeitung des Themas „die Stimmung ist mies“ entschieden. Das Mediationsteam möchte die Sichtweisen der einzelnen Teilnehmer genauer kennenlernen. Es legt Moderationskarten auf dem Fußboden aus, die mit sechs Stimmungswerten beschriftet sind: „Gipfel der Euphorie“, „Berg der Erwartungen + Spannung“, „Hügel der Hoffnung + Zuversicht“, „Wiese der Zufriedenheit“, „Ebene der Skepsis“ und „Tal der Tränen“. Die Teilnehmer werden gebeten aufzustehen und sich derjenigen Karte zuzuordnen, die am ehesten ihre persönliche Stimmung trifft.

Anschließend bittet das Mediationsteam jede Streitpartei um einen kurzen Kommentar zum eigenen Standort. Das Mediationsteam hört aktiv zu und fasst die Aussagen zusammen. Nachdem sich die Teilnehmenden wieder gesetzt haben, gibt das Mediationsteam den Konfliktparteien Gelegenheit, sich zu den Eindrücken aus der „Räumlichen Aufstellung“ auszutauschen. Tauchen dabei neue Konfliktthemen auf, werden sie vom Mediationsteam der bestehenden Themenliste hinzugefügt.

Als Skala können Sie auch Wertebereiche wie „0–25 %“, „26–50 %“, „51–75 %“ und „76–100 %“ verwenden. 100 % bedeutet dann eine sehr hohe Zufriedenheit mit der Teamstimmung, 0 % eine extreme Unzufriedenheit. In unserem Film erfragt das Mediationsteam mit dieser Methode die Sichtweisen der Streitparteien zu einem bestimmten Konfliktthema. Sie können diese Methode aber auch einsetzen, um spontane Stimmungsabfragen zum Gelingen der Mediation durchzuführen.

FAQ: Die häufigsten Teilnehmerfragen in unseren Mediationsausbildungen

Teilnehmerfrage: An welcher Stelle einer Mediation bietet sich eine „Räumliche Aufstellung“ noch an?
Antwort: Sie können zum Beispiel ganz am Anfang einer Mediation fragen, wie sich die Teilnehmer mit dem Gedanken an die Mediation fühlen. Sobald sich die Teilnehmenden aufgestellt haben, fragen Sie nach, welche Ängste und Hoffnungen sie mit der Konfliktklärung verbinden. Auch in der vierten und fünften Phase einer Mediation können Sie eine „Räumliche Aufstellung“ durchführen. Passende Fragen lauten: „Wie hoffnungsvoll sind Sie mit Blick auf die erarbeiteten Lösungen?“ „Wie zufrieden sind Sie mit den Abschlussvereinbarungen?“

Teilnehmerfrage: Wird mit dieser Methode nicht Druck auf Einzelpersonen aufgebaut, die stark abweichende Stimmungen verspüren?
Antwort: Durch eine „Räumliche Aufstellung" entstehen für die Gruppe Klarheit und Transparenz – auch und gerade zu unangenehmen Themen. Geben Sie sogenannten „Ecksitzern" (Personen, die unbequeme Wahrheiten oder Tabus ansprechen) Einfühlung für ihre Stimmung und bedanken Sie sich bei der Gruppe für die gezeigte Offenheit. Ehrlichkeit und die damit verbundene Übernahme von Verantwortung bieten eine hervorragende Voraussetzung für die Konfliktklärung.

Autoteile

Bei der Methode „Autoteile“ vergleichen die Teammitglieder ihre Gruppe mit dem Bild eines Autos. Das Moderationsteam malt einen großen Pkw auf eine Stellwand und erläutert, dass dieses Auto bildhaft für das Funktionieren des Teams steht. Das Auto hat offensichtlich im übertragenen Sinne Probleme und der Konflikt veranlasst die Gruppe zu einem „Werkstattbesuch“. Das Mediationsteam möchte gemeinsam mit den Konfliktparteien herausfinden, ob im Team Rollenklarheit besteht und welche Rollenkonflikte einer Klärung bedürfen.

Moderieren Sie die Methode „Autoteile“ in zwei Schritten an. Fragen Sie die Beteiligten zunächst, wie sie ihre eigene Rolle im Team sehen. Jeder Teilnehmer soll ein Autoteil (zum Beispiel den Rückspiegel oder das Gaspedal) auswählen, das seine Funktion in der Gruppe beschreibt. Bitten Sie die Teilnehmer, ihr Symbol mit einem Moderationsstift auf eine farbige Moderationskarte zu malen. Die dazugehörige Leitfrage lautet: „Wer hat welche Rolle im Team und wie wirkt sich dies auf den Konflikt aus?“

Fragen Sie die Konfliktparteien anschließend, als welches Autoteil (zum Beispiel als Zündschlüssel oder Bremse) sie sich im Gesamtmechanismus wohlfühlen würden. Dieses Autoteil soll auf eine andersfarbige Karte aufgemalt werden.

Laden Sie die Streitparteien anschließend nacheinander ein, an die Pinnwand zu treten und ihre Karten vorzustellen. Helfen Sie den Sprechern beim Befestigen der Karten und fassen Sie das Gesagte zusammen. Die Methode „Autoteile“ eignet sich durch seine Bildsprache hervorragend dazu, die mit dem Konflikt verbundenen Gefühle besser zu verstehen und die Bedürfnisse zu erkennen, die aktuell im Mangel sind.

Wenn alle Teilnehmenden Ihre Karten vorgestellt und angepinnt haben, lädt das Mediationsteam die Streitparteien zu einer abschließenden Betrachtung ein. Wie in unserem Film „Das Beraternetzwerk“ zu sehen ist, steht den Konfliktparteien bei dieser Methode die Überraschung oft ins Gesicht geschrieben. Durch das Bild der „Autoteile“ werden wichtige Aspekte der Rollenverteilung deutlich.

FAQ: Die häufigsten Teilnehmerfragen in unseren Mediationsausbildungen

Teilnehmerfrage: Was ist, wenn im Bild wichtige Teile wie der Motor oder das Lenkrad fehlen?

Antwort: Häufig fällt Gruppen selbst auf, dass bestimmte Funktionen im Bild fehlen. Das kann Zufall oder eine wichtige Erkenntnis sein. Eine Gruppe weiß in der Regel, ob das Fehlen eines bestimmten Teils symptomatisch für den Konflikt ist. Das Mediationsteam kann nachfragen, wenn es im Bild Auffälligkeiten bemerkt, die von der Gruppe nicht angesprochen werden.

Teilnehmerfrage: Wie reagiere ich, wenn Teilnehmer Witze übereinander machen?

Antwort: Teilnehmer verschaffen sich in einer angespannten Situation häufig Entlastung, indem sie Witze reißen oder sich abwertend bzw. kritisch gegenüber Symbolen anderer Teilnehmer äußern. Vermeiden Sie in solchen Fällen den „erhobenen Zeigefinger". Reagieren Sie wertschätzend auf Kommentare, indem Sie auf die unterschiedlichen Wahrnehmungen einer Rolle hinweisen. Ein Witz kann ein indirekter Hinweis auf ein Konfliktthema sein, das im Rahmen der Mediation geklärt werden soll.

Problemdreieck

Ähnlich wie bei der „Kopfstandmethode“ bearbeiten die Teilnehmenden beim „Problemdreieck“ den Konflikt aus einer paradoxen Perspektive heraus. Das Mediationsteam fragt die Konfliktparteien, welche Verhaltensweisen, Arbeitsabläufe und Strukturen den Konflikt stützen. Für die Streitparteien wird sichtbar, dass es nicht eine Ursache für den Konflikt gibt (Monokausalität), sondern dass viele Dinge eine Rolle spielen. Das entlastet Personen, die für alles verantwortlich gemacht werden.

Malen Sie ein großes Dreieck auf eine Pinnwand. Das Dreieck steht mit seiner Spitze auf einer waagerechten Linie. Schreiben Sie in die Mitte des Dreiecks das Konfliktthema, zu dem Sie Ihre Frage formulieren. In unserem Film „Der neue Messeauftritt“ heißt das Thema: „unklare Aufgaben“. Stellen Sie nun die (rhetorische) Frage: „Wie kann ein Dreieck auf seiner Spitze stehen?“ Zeichnen Sie als Erklärung schräge Linien auf die Pinnwand, die das Dreieck stützen. Fragen Sie die Gruppe anschließend, welche Aspekte in der Gruppe, in der Organisation, in der Führung und beim Einzelnen den Konflikt um die unklaren Aufgaben stützen und erhalten.

Bitten Sie die Teilnehmer, ihre Einfälle mit Moderationsmarkern auf Moderationskarten zu notieren. Laden Sie die Teilnehmenden anschließend ein, nacheinander an die Stellwand zu treten, ihre Einfälle vorzustellen und ihre Moderationskarten in die Säulen zu heften, die das Dreieck stützen.

Unser Film zeigt eine Variante dieser Methode, bei welcher der eine Mediator die Karten mit Vorschlägen anpinnt, während der andere der jeweiligen Konfliktpartei aktiv zuhört. Alternativ können Sie die Konfliktparteien auch selbstständig an der Pinnwand arbeiten lassen. Generell eignet sich die Methode hervorragend zur Arbeit in Kleingruppen mit drei bis sechs Personen. Die wichtigsten Ergebnisse der Kleingruppen werden danach im Gesamtplenum vorgestellt. Laden Sie die Gruppe abschließend zur Betrachtung der Ergebnisse ein.

FAQ: Die häufigsten Teilnehmerfragen in unseren Mediationsausbildungen

Teilnehmerfrage: Wie hängen die Teilnehmenden ihre Themen in die Säulen? Geordnet nach Themen, verteilt auf eine Säule pro Teilnehmer oder wild durcheinander?

Antwort: Schlagen Sie der Gruppe vor, beim Aufhängen von Themen darauf zu achten, ob schon eine Karte mit einem ähnlichen Thema an der Pinnwand hängt. Ist dies der Fall, kann

die neue Karte dazugehängt werden. Auf diese Weise bilden sich bereits bei der Ideensammlung Themencluster, die die Weiterarbeit erleichtern.
Teilnehmerfrage: Wer entscheidet, wo welche Karte hingehängt wird?
Antwort: Bei der Ideensammlung entscheidet derjenige über die Platzierung einer Karte, der die Karte beschriftet hat. Die Gruppe verfolgt den Ordnungsprozess und macht Vorschläge. In strittigen Fällen können Karten verdoppelt und mehreren Themenclustern zugeordnet werden.
Teilnehmerfrage: Können die Teilnehmenden in einer Kleingruppe arbeiten, auch wenn kein Mediator dabei ist?
Antwort: Das „Problemdreieck" ist eine Methode, die von den Teilnehmenden schnell verstanden wird und auch ohne ständige Präsenz des Mediationsteams durchgeführt werden kann. Das Mediationsteam wandert von Gruppe zu Gruppe und beantwortet Verständnisfragen.

Teamschiff

Bei der Methode „Teamschiff" lernen Teilnehmer ihre Rollen in der Gruppe besser kennen. Das Mediationsteam benutzt das Bild eines Schiffes, um die Aufgaben der Teilnehmenden zu erkunden. Die Konfliktparteien stellen sich im Raum auf und spielen durch eine Geste ihre Rolle im Team vor. Sie suchen sich unter Funktionen wie „Kapitän", „Offizier", „blinder Passagier" usw. eine Tätigkeit aus, die ihre Situation versinnbildlicht. Anschließend fragt das Mediationsteam, wie es ihnen in ihrer jeweiligen Rolle geht und welche Einsichten sich aus der Gesamtszene ergeben.

Bitten Sie die Gruppe, sich in die Mitte des Raumes zu begeben und sich vorzustellen, ihr Team sei ein Schiff mit allen gängigen Funktionen: Motor, Rumpf, Besatzung, Passagieren, Ausguck usw. Bitten Sie die Teilnehmenden, sich einen Moment Zeit zu nehmen und zu überlegen, welche Funktion an Bord ihre eigene Rolle im Team am besten beschreibt. Wichtig: Die „gefühlte" Funktion muss nicht mit der offiziellen Funktion im Unternehmen oder in der Organisation übereinstimmen.

Zeigen Sie dem Team nun die Richtungen, aus der das Schiff kommt und in die es fährt. Bitten Sie die Konfliktparteien, sich passend zur Schiffsbewegung (vorne ist die Gallionsfigur, hinten die Schiffsschraube ...) im Raum zu verteilen und ihre Rolle durch eine deutliche Geste darzustellen. Spielen Sie eine Geste vor, indem Sie zum Beispiel in gebeugter Haltung „Kohlen schippen" und sich den Schweiß von der Stirn wischen.

Stellen Sie jedem Teilnehmer anschließend drei Fragen, die Sie am Flipchart visualisiert haben:

- „Welche Rolle drücken Ihre Position und Geste aus?"
- „Wie geht es Ihnen mit dieser Position im Team?"
- „Was brauchen Sie aus Ihrer Rolle heraus?"

Gehen Sie von Teilnehmer zu Teilnehmer und fassen Sie die Beiträge zusammen. Sprechen Sie gezielt Gefühle und Bedürfnisse der Teilnehmenden an. Bei Co-Mediation visualisiert der zweite Mediator das Gesagte auf Moderationskarten. Wenn Sie mit allen Teilnehmenden gesprochen haben, bitten Sie die Gruppe, ihre Gesten noch einmal gemeinsam zu spielen und das Bild auf sich wirken zu lassen.

FAQ: Die häufigsten Teilnehmerfragen in unseren Mediationsausbildungen

Teilnehmerfrage: Machen bei einer so spielerischen Methode auch Führungskräfte mit?
Antwort: Im Normalfall beteiligen sich alle Anwesenden an dieser Methode. Um ihre Rolle zu finden, spüren die Teilnehmenden in sich hinein. Das „Teamschiff" erlaubt einen besonders deutlichen Selbstausdruck.
Teilnehmerfrage: Wie lange müssen die Teilnehmenden ihre Geste beibehalten?
Antwort: Unser Film „Der neue Messeauftritt" zeigt eine Teilnehmerin, die eine Gallionsfigur spielt. Diese Geste lässt sich nur wenige Augenblicke lang durchhalten. Bitten Sie die Teilnehmer, ihre Geste am Anfang und am Ende der Methode gemeinsam vorzuspielen. Ansonsten spielen sie die Gesten nur, wenn das Mediationsteam nacheinander zu ihnen tritt und ihre Sichtweise in der Rolle erfragt.

GFK-Formular

Das „GFK-Formular“ bezieht sich auf die vier Schritte der Gewaltfreien Kommunikation (GFK) nach Marshall B. Rosenberg:

1. Beobachtung,
2. Gefühle,
3. Bedürfnisse,
4. konkrete Bitte.

Die Teilnehmer erhalten Gelegenheit, sich gegenüber einer anderen Person mit diesen vier Schritten auszudrücken und sich anzuhören, wie es der anderen Person mit dem Gesagten geht.

Bitten Sie die Teilnehmenden, sich eine Situation in Erinnerung zu rufen, die sie als besonders frustrierend erlebt haben. Verteilen Sie das Formularblatt und laden Sie die Teilnehmenden ein, in einer Einzelarbeit ihre Beobachtungen, Gefühle, unerfüllten Bedürfnisse und Bitten zu der Konfliktsituation aufzuschreiben. Die Teilnehmer erhalten dafür ausreichend Zeit.

Bitten Sie die Teilnehmenden anschließend, die Dringlichkeit ihres Anliegens auf einer Skala von 1–10 einzuschätzen (Diesen Schritt beschreiben wir in der Methode „Stimmungsabfrage mit Skalierung“, Seite 102.). Die Streitpartei mit dem dringendsten Anliegen benennt ihre Adressaten und steigt – wie es unser Film „Landesbüro Verband für Sozialarbeit“ zeigt – in eine „Kleine Mediation“ ein.

FAQ: Die häufigsten Teilnehmerfragen in unseren Mediationsausbildungen

Teilnehmerfrage: Müssen die Teilnehmenden für die Arbeit mit dem GFK-Formular über Grundkenntnisse der Gewaltfreien Kommunikation verfügen?
Antwort: Nein. Eine klare Trennung zwischen Beobachtungen, Gefühlen und Bedürfnissen hilft den Teilnehmenden, sich statt in Schuldzuweisungen in Ich-Botschaften auszudrücken. Die zusätzliche Formulierung einer Bitte hilft zu verstehen, dass sich Lösungen direkt auf Bedürfnisse beziehen sollten. Zusätzliches Wissen über Gewaltfreie Kommunikation ist für die Mediation nicht erforderlich.

Teilnehmerfrage: Welchen Sinn macht das GFK-Formular, wenn sich die Streitparteien später doch wieder in den gewohnten Vokabeln ausdrücken?
Antwort: Das GFK-Formular sensibilisiert die Teilnehmenden dafür, dass der Konflikt nicht nur mit dem Gegenüber zu tun hat. Es bereitet den Perspektivenwechsel der Phase 3b) „Themen erhellen" vor, bei dem die Streitparteien in Kontakt mit den Bedürfnissen hinter Forderungen und Anklagen kommen. Die Teilnehmer behalten das GFK-Formular in ihrer Hand. Wenn eine Streitpartei den Faden verliert oder bei Schuldzuweisungen stehen bleibt, kann das Mediationsteam dazu einladen, sich die eigenen Gefühle und Bedürfnisse auf dem GFK-Formular noch einmal zu vergegenwärtigen.
Teilnehmerfrage: Müssen alle Teilnehmenden sich zu ihren Formularinhalten äußern?
Antwort: Nein. Das Mediationsteam geht situativ vor. Die heißesten Konflikte kommen zuerst zur Sprache; welche Konflikte das sind, entscheiden die Teilnehmenden selbst. Wenn die ersten Themen abgearbeitet sind, haben sich oft andere Themen gleich mit erledigt.
Teilnehmerfrage: Ist das „GFK-Formular" immer an die „Stimmungsabfrage mit Skalierung" und die „Kleine Mediation" gekoppelt?
Antwort: Nein. Das „GFK-Formular" können Sie kreativ als Ausgangspunkt für verschiedene Methoden der dritten Mediationsphase einsetzen.

GFK-Formular (Unterstützung zur Selbstklärung)

Konkrete Konfliktsituation
Bitte lehnen Sie sich zurück und rufen Sie sich eine konkrete Situation in Erinnerung, die Sie als besonders deutliches Beispiel für eine Konfliktsituation erlebt haben.
1. Meine Beobachtung: eine wertfreie Beschreibung der auslösenden Situation; d.h. „Was habe ich konkret gehört oder gesehen oder gelesen?"

2. Meine innere(n) Stimmung(en): „Wie geht es mir mit dem, was ich beobachte/beobachtet habe?“ Z.B. angestrengt, bedrückt, deprimiert, enttäuscht, frustriert, wütend, erschöpft, erschreckt, lustlos, müde, ratlos, hilflos, traurig, trotzig, unglücklich ...
3. Mein(e) Bedürfnis(se): z.B. Raum haben, gesehen und anerkannt werden, etwas machen und gestalten können, gehört werden, dazuzugehören, akzeptiert und respektiert werden, Sicherheit, Kontakt, Klarheit, Vertrauen, Autonomie, Verständnis, Sinn, Erfolg ...
4. Meine konkrete und erfüllbare Bitte (positive Formulierung): Was hätte ich gerne, dass der andere macht, damit sich meine Bedürfnisse erfüllen? „Wärst du bereit ...?“

Kleine Mediation

Eine „Kleine Mediation“ bietet sich an, wenn im Rahmen der Mediation von Gruppen und Teams zwei Streitparteien einen Konflikt miteinander klären wollen, der in erster Linie nur sie betrifft, aber alle beeinträchtigt. Das Mediationsteam bittet die zwei Streitparteien, sich zueinanderzusetzen und unter seiner Mithilfe das Thema zu besprechen. Die restliche Gruppe hört der Vermittlung zu und schweigt.

Wir setzen die „Kleine Mediation“ ein, wenn die Darstellung der Sichtweisen Hinweise auf einen brisanten Konflikt zwischen zwei Einzelpersonen liefert oder zwei Streitparteien wiederholt aneinandergeraten. Bei der „Kleinen Mediation“ wird die Restgruppe „aus dem Schussfeld genommen“. Erklären Sie den beiden Streitparteien, dass Sie ihre Anliegen gerne besser verstehen wollen. Bitten Sie darum, sich wie bei einer Zweiparteien-Mediation mit Ihnen in ein Dreieck zu setzen, und beginnen Sie eine Mediation „nach allen Regeln der Kunst“ zwischen den Beteiligten.

Wenn die Streitparteien ihren Gefühlen Ausdruck verleihen konnten und zu verstehen beginnen, welche Bedürfnisse bei der jeweils anderen Partei im Mangel sind, entspannt sich die Situation. Stellen Sie die alte Sitzordnung wieder her und fahren Sie mit der Mediation in der Gesamtgruppe fort. Lösungen für den Zweierkonflikt können entweder schon hier oder in der vierten Mediationsphase erarbeitet werden.

FAQ: Die häufigsten Teilnehmerfragen in unseren Mediationsausbildungen

Teilnehmerfrage: Wie gehe ich vor, wenn sich eine Partei nur unzureichend ausdrücken kann?

Antwort: Unser Film „Das Beraternetzwerk“ zeigt eine Situation, in der sich eine Streitpartei nicht auf eine Weise ausdrücken kann, dass ihre Botschaft bei der anderen Konfliktpartei ankommt. Der Mediator „doppelt“ die Stimme der Streitpartei, indem er sich neben sie hockt und die Anliegen der Konfliktpartei stellvertretend ausspricht (die Methode „Doppeln“ beschreiben wir ausführlich auf S. 45).

Teilnehmerfrage: Langweilt sich die Restgruppe nicht, wenn nur zwischen zwei Personen vermittelt wird?

Antwort: Die „Kleine Mediation“ arbeitet an den dringlichsten Zweipersonenkonflikten einer Gruppe. Von den Themen müssen nicht alle Teammitglieder direkt betroffen sein. Indirekt belasten sie jedoch auch die Gesamtgruppe. In der Regel hört die Restgruppe deshalb gespannt zu. Die Dauer einer „Kleinen Mediation“ sollte jedoch nicht überdehnt werden. Schließlich möchten alle Beteiligten einer Mediation ausreichend zu Wort kommen.

Teilnehmerfrage: Welche Unterschiede gibt es zwischen einer „Kleinen Mediation" und einer „Stellvertretermediation"?

Antwort: Bei der „Stellvertretermediation" sprechen zwei Streitparteien miteinander, die stellvertretend für Teilgruppen des Teams stehen. Eine Besonderheit der „Stellvertretermediation" ist ein leerer Stuhl zwischen den Stellvertretern, der der Restgruppe die Gelegenheit bietet, jeweils für kurze Zeit an der Mediation teilzunehmen, bevor das Gespräch wieder zwischen den Stellvertretern weiterläuft. Diesen „Joker-Stuhl" gibt es bei einer „Kleinen Mediation" nicht. Die Restgruppe hört den Verhandlungen schweigend zu. Besprochen werden ausschließlich Konfliktthemen zwischen den zwei direkt Betroffenen.

Stimmungsabfrage mit Skalierung

Stimmungsabfragen sind ein Klassiker der Moderation. Es gibt unterschiedliche Varianten, passend für jeden Anlass. Eine der „knackigsten“ Versionen ist die „Stimmungsabfrage mit Skalierung“, die wir in unserem Film „Landesbüro Verband für Sozialarbeit“ zeigen. Sie hilft dabei herauszufinden, welche Konfliktlinie zuerst bearbeitet werden soll.

Nach der Einzelarbeit mit dem GFK-Formular bittet die Mediatorin darum, dass die Teilnehmenden für sich einschätzen, wie beeinträchtigt jeder Einzelne vom Konflikt ist. Die Konfliktparteien sind eingeladen, ihre Betroffenheit auf einer Skala von 1–10 zu bewerten. Anschließend fragt die Mediatorin die Streitparteien reihum nach dem Grad ihrer Beeinträchtigung.

Um die Aufgabe noch deutlicher zu machen, liefert die Mediatorin ein Beispiel: „Die Zahl 10 bedeutet zum Beispiel, dass ich überhaupt nicht mehr schlafen kann, ich nehme den Konflikt mit ins Bett. Die Zahl 0 steht für einen ganz entspannten Umgang mit dem Konfliktthema.“ Nennen Teilnehmende sehr hohe Werte, arbeitet das Mediationsteam die damit verbundenen Gefühle und Bedürfnisse gründlich heraus.

FAQ: Die häufigsten Teilnehmerfragen in unseren Mediationsausbildungen

Teilnehmerfrage: Wie gehe ich damit um, wenn mehrere Personen die höchste Punktzahl haben?

Antwort: Wenn mehrere Personen die höchste Punktzahl haben, können Sie die Betroffenen kurz ihre Anliegen schildern lassen. Betonen Sie anschließend, dass aus Ihrer Sicht alle Anliegen behandelt werden sollten. Bitten Sie die Teilnehmer, gemeinsam zu entscheiden, in welcher Reihenfolge die Themen besprochen werden sollen.

Teilnehmerfrage: In anderen Darstellungen wird die Skalierung in umgedrehter Reihenfolge benutzt. Welche Zahl stellt optimalerweise den Wert höchster Eskalation dar: die 1 oder die 10?

Antwort: Sie können die Skala auch in umgedrehter Reihenfolge anmoderieren. Dann steht 0 für „Nullpunkt“, „Eiseskälte“ oder „Hoffnungslosigkeit“, während 10 eine „optimale Entwicklung“ symbolisiert. Wir haben noch keinen Unterschied in der Wirkung festgestellt.

Teilnehmerfrage: Sprechen immer diejenigen Teilnehmer miteinander, die die höchste Punktzahl haben?
Antwort: Nein. Der Teilnehmer mit der höchsten Punktzahl gibt an, welche andere Person sein Thema betrifft. Das Moderationsteam fragt diese Person, ob sie bereit ist, an einer „Kleinen Mediation“ teilzunehmen.
Teilnehmerfrage: Müssen sich die Teilnehmenden bei dieser Methode im Raum positionieren?
Antwort: Auch hier gibt es unterschiedliche Varianten. Sie können eine Skala von 1–10 im Raum auslegen, ähnlich wie bei der Methode „Räumliche Aufstellung“. Die Methode funktioniert aber genauso gut im Sitzen. Achten Sie auf das Vorher und Nachher der Methode. Wenn sich die Gruppe bisher wenig körperlich bewegt hat, kann ihr eine kurze Aufstellung im Raum besonders guttun. Falls Sie bereits viel mit Bewegung gearbeitet haben, ist die Ruhe eines Stuhlkreises das Mittel der Wahl.

14. Phase 4: Lösungen entwickeln

In der vierten Phase der Mediation entwickeln die Beteiligten Lösungen für den Konflikt. Je mehr Ideen in dieser Phase entwickelt werden, desto größer ist die Auswahl für die anschließende Vereinbarung. Deshalb wird bei der Ideensuche nicht von vornherein zwischen „guten“ und „weniger guten“ Ideen unterschieden. Im Gegenteil: Gerade verrückt erscheinende Ideen können die Gruppe zu völlig neuen Problemlösungsstrategien führen.

Damit die Ideen jedoch nicht ziellos ins Kraut schießen, visualisiert das Mediationsteam die wichtigsten Ergebnisse der dritten Mediationsphase („Sichtweisen darstellen und erhellen“) und die damit verbundenen Bedürfnisse, die möglichst umfassend erfüllt werden sollen. Das Mediationsteam hält den Lösungsfindungsprozess auch über die ersten guten Ideen hinaus konzentriert in Schwung.

Schlüsselsätze für die Moderation der vierten Mediationsphase können sein:

- „Welche Ideen haben Sie zur Konfliktlösung? Die Ideen dürfen auch ungewohnt oder verrückt sein.“
- „Auf welche Art und Weise möchten Sie in Zukunft arbeiten? Was muss dafür anders werden?“
- „Was können Sie ganz persönlich zur Konfliktlösung beitragen?“
- „Haben Sie weitere Ideen? Bitte notieren Sie alle Ihre Vorschläge, ohne diese zu bewerten.“

Der Lösungsfindungsprozess kann entweder vom Mediationsteam oder von den Konfliktparteien moderiert werden. Der Blick richtet sich jetzt von der Vergangenheit und Gegenwart auf die Zukunft. Die Teilnehmenden (insbesondere Führungskräfte) finden es oft angenehm, wenn sie die Prozessbegleitung allmählich wieder selbst in die Hand nehmen.

Als Kreativmethode eignen sich viele unterschiedliche Herangehensweisen wie „Brainstorming“, „Mindmapping“, „Methode 6-3-5“, „Brainwriting“ oder Kartenabfragen. Passen Sie die Methoden den Besonderheiten einer Mediation und der Gruppenstärke an. Unsere Erfahrung: Eine zu komplizierte Methode führt zu Diskussionen über die Methode anstatt zu frischen Ideen.

FAQ: Die häufigsten Teilnehmerfragen in unseren Mediationsausbildungen

Teilnehmerfrage: Was passiert, wenn die Teilnehmer in dieser Phase keine Energie mehr haben?
Antwort: Laden Sie vor der Lösungsfindungsphase zu einer längeren Verschnaufpause ein. Geben Sie den Teilnehmern Gelegenheit, frische Luft zu tanken und sich zu bewegen. Von der Qualität der Ideen hängt die Nachhaltigkeit der Vereinbarung ab.
Teilnehmerfrage: Wie reagiere ich, wenn in der Lösungsfindungsphase erneut Streit ausbricht?
Antwort: Konflikte in der vierten Mediationsphase sind ein sicherer Hinweis darauf, dass einzelne Bedürfnisse in der dritten Mediationsphase noch nicht ausführlich genug betrachtet und gewürdigt wurden. Ziehen Sie die Lösungsfindung jetzt auf keinen Fall im Hauruckverfahren durch. Der ungelöste Konflikt könnte als „Sollbruchstelle" bei der nächsten Gelegenheit das Gesamtergebnis zunichtemachen. Geben Sie den Beteiligten stattdessen Einfühlung. Wechseln Sie zurück in die dritte Phase der Mediation und klären Sie das Thema bis zu dem Punkt, an dem Sie unter Zustimmung der Beteiligten zur Lösungsfindung zurückkehren können.

Brainstorming

Eine klassische Technik für die Suche nach Lösungsideen ist das „Brainstorming", dessen Vorteil in seiner Bekanntheit liegt. Ein Brainstorming lässt sich mit wenigen Worten anmoderieren und ohne komplizierte Vorbereitung umsetzen. Die Teilnehmenden sammeln gemeinsam auf einer Stellwand Ideen für Lösungen zum Konflikt.

Erklären Sie den Teilnehmenden vorab die wichtigsten Brainstorming-Regeln:

- „Üben Sie keine Kritik an den Vorschlägen anderer, denn kreative Problemlösungen entstehen gerade aus völlig unsinnigen Ideen."
- „Vermeiden Sie bewertende Gesten wie Augenrollen oder Applaus."
- „Je kühner Ihre Ideen sind, desto mehr Möglichkeiten bieten sie für produktive Assoziationen."
- „Schöpfen Sie die Zeit für Ihr Brainstorming ganz aus. Häufig kommen bahnbrechende Ideen ganz zum Schluss."

Bitten Sie die Teilnehmenden anschließend, gemeinsam zur Stellwand zu kommen, um ihre Ideen aufzuschreiben. Wichtig: Schreiben Sie vorab immer das Thema des Brainstormings als Überschrift auf das leere Wand-Papier.

FAQ: Die häufigsten Teilnehmerfragen in unseren Mediationsausbildungen

Teilnehmerfrage: Kommt bei einem „Brainstorming" nicht immer dasselbe heraus?

Antwort: Tatsächlich ähneln die Anfangsideen eines Brainstormings häufig bereits bekannten Ideen. Die Kunst der Moderation besteht darin, eine kreative Spannung zu wecken und die Lust am Assoziieren aufrechtzuerhalten. Jedes gute Brainstorming durchläuft mindestens drei Phasen: die erste Kreativphase, eine „Durchhänger"-Phase und die zweite Kreativphase. Originelle Ideen werden häufig in der zweiten oder sogar in einer dritten Kreativphase geboren.

Teilnehmerfrage: Wie kann ich den Teilnehmenden die Bedeutung von Spontanität und Spinnerei für die Kreativphase verdeutlichen?

Antwort: Erzählen Sie der Gruppe die Geschichte eines Pralinenherstellers, der seine Schokolade mit halben Walnüssen verzierte. Das Management hatte festgestellt, dass beim Öffnen der Walnussschalen viel zu viele Walnüsse in kleine Teile zerbrachen. Deshalb mussten für jede einzelne verzierte Praline mehrere Walnüsse am Markt eingekauft werden. Um Geld zu sparen, beauftragte das Management seine Ingenieure damit, nach einer Lösung zu suchen, wie man Walnüsse schonender öffnen könnte. Ein Manager schlug vor, Zwerge einzusetzen, die die Nüsse von innen aufstemmen. Dieses völlig verrückte Bild brachte das Team auf die Idee, Druckluft in die Nussschalen einzuleiten und die Nüsse von innen zu sprengen. Von da an wurde kein Ausschuss mehr produziert.

Teilnehmerfrage: Entspricht Brainstorming noch dem neuesten Stand der Gehirnforschung?

Antwort: Tatsächlich ist Brainstorming wissenschaftlich nicht mehr unumstritten. Wir haben unsere Vorgehensweise deshalb modifiziert. Wir geben den Teilnehmenden zunächst Zeit, Ideen in Form einer Einzelarbeit aufzuschreiben, bevor wir mit einem Brainstorming in die Gruppe gehen. Auf diese Weise entsteht noch mehr Denkfreiheit.

Kopfstandmethode

Bei der „Kopfstandmethode“ wird ein Thema auf den Kopf gestellt und von einer ganz neuen Seite betrachtet. Die Erfahrung zeigt, dass Menschen mit Kritik schneller bei der Hand sind als mit Problemlösungen. Anstatt also über Lösungen nachzudenken, suchen die Teilnehmer nach Ideen, mit denen sie das Problem verfestigen oder verschärfen können. Anschließend werden die negativen Ideen umgedreht. Nach dem Motto „Gefahr erkannt – Gefahr gebannt“ kann alles Konfliktverschärfende verändert und durch Maßnahmen zur Kooperation ersetzt werden.

Leiten Sie die Methoden in zwei Schritten an. Das Ursprungsanliegen der Gruppe in unserem Film „Das Beraternetzwerk“ lautet: „Wie können wir unser Netzwerk wieder zum Laufen bringen?“. Drehen Sie diese Leitfrage für die Kopfstandmethode um:

„Was können wir tun, um das Netzwerk effektiv zum Erliegen zu bringen?“ Visualisieren Sie diese Frage als Figur, die einen Kopfstand macht, auf einem Flipchart-Poster und laden Sie die Gruppe zur Ideenproduktion ein: „Welche Ideen haben Sie, um das Gegenteil Ihres eigentlichen Anliegens zu erreichen? Wir stellen das Thema erst einmal auf den Kopf und Ihre Ideen anschließend wieder auf die Füße.“ Besondere Bedeutung kommt der Fragestellung zu. Als positive Negativformulierung sollte die Frage auf ein „nicht“ verzichten.

Lassen Sie sich die Teilnehmerideen ähnlich wie beim „Brainstorming“ zurufen, während Sie die Ergebnisse (z.B. auf Moderationskarten) notieren. Unser Film zeigt eine Variante dieses Vorgehens, bei dem die Konfliktparteien ihre Idee selbst auf das Flipchart-Plakat notieren. Die Methode mit Moderationskarten hat den Vorteil, dass Sie anschließend aus den gesammelten Karten Themengruppen zusammenstellen können. Andererseits kommen häufig interessante Bilder und Bezüge zustande, wenn die Teilnehmer ihre Idee selbstständig auf das Flipchart bringen.

Beenden Sie die Methode, wenn genügend Vorschläge zusammengekommen sind und „die Luft raus“ ist. Betrachten und ordnen Sie gemeinsam mit der Gruppe die Ergebnisse. In der nächsten Mediationsphase können die Teilnehmer aus den Negativvorschlägen Lösungsideen entwickeln.

FAQ: Die häufigsten Teilnehmerfragen in unseren Mediationsausbildungen

Teilnehmerfrage: Entsteht aus jedem negativen Vorschlag eine Lösungsidee?
Antwort: Aus einer Negativformulierung entstehen häufig sogar mehrere Lösungsideen. Die genaue Zahl hängt vom Einfallsreichtum der Teilnehmenden und von der Qualität des Vorschlags ab.
Teilnehmerfrage: Braucht man für das Arbeiten an negativen Vorschlägen und positiven Äquivalenten zusammen genommen nicht sehr viel Zeit?
Antwort: Diese Methode ist gründlich und fällt nicht gerade in die Kategorie „quick and dirty“. Dafür kommen ungewöhnliche Ergebnisse zustande. Die Erfahrung zeigt: Der Umweg lohnt sich …

Teilnehmerfrage: Ist es nicht heikel, Negatives zu betonen, wenn die Stimmung sowieso mies ist?
Antwort: In der Lösungsphase einer Konfliktvermittlung fühlen sich die Teilnehmenden besser als am Anfang. Die „Kopfstandmethode" bringt Humor in die Mediation und hebt die Stimmung weiter an. Den Teilnehmenden ist klar, was es bedeutet, wenn sich der Konflikt weiter verschärft. Die Kopfstandmethode nutzt diese „Ressource" und ermöglicht einen Blick aus der Metaperspektive auf das eigene Konfliktverhalten.

Visionäre, Zweifler und Realos

Bei der Methode „Visionäre, Zweifler und Realos“ wird ein gemeinsames Vorhaben, z.B. die Gründung eines neues Geschäftsbereichs, unter drei Aspekten betrachtet: „Was bieten sich für Chancen? Welche Risiken sind damit verbunden? Wie könnte man es in eine realistische Form bringen?“ Die Methode eignet sich für Themen, deren Lösung sich nicht in wenigen Sätzen definieren lässt.

Bereiten Sie drei Plakate auf Stellwänden vor. Jedes Plakat bekommt eine eigene Überschrift:

- Plakat 1: *„Das spricht dafür: Chancen, Visionen, Möglichkeiten“*
- Plakat 2: *„Das spricht dagegen: Befürchtungen, Risiken, Skepsis“*
- Plakat 3: *„So kann es gehen: Vorschläge zu realistischen Schritten“*

In unserem Film „Der neue Messeauftritt“ haben wir die Überschriften auf „Chancen“, „Risiken“ und „Vorschläge für realistische Schritte“ verkürzt, weil Flipchart-Papier weniger Platz als eine Stellwand bietet. Ein motivierender Effekt entsteht durch Strichfiguren, die ein Symbol in der Hand tragen, wie wir sie auf der Grafik zeigen.

Laden Sie die Teilnehmenden dazu ein, Aspekte auf das Plakat mit den „Chancen“ zu notieren, die einen Vorteil des Vorhabens darstellen. Bitten Sie darum, das Vorhaben kritisch zu prüfen und unter „Risiken“ entsprechende Punkte zu berücksichtigen. Unter „Vorschlägen“ sollen realistische Schritte auf dem Weg zur Realisierung des Vorhabens benannt werden. Die Teilnehmenden dürfen alles notieren, was ihnen an Ideen einfällt – auch und gerade, wenn ein Aspekt auf den ersten Blick fremd und exotisch wirkt. Kommentare zu Vorschlägen anderer Teilnehmer sind diesmal erlaubt. Geben Sie der Gruppe so viel Zeit für ihre Arbeit, bis sich alle Beteiligten wieder auf ihre Plätze gesetzt haben.

Lesen Sie die Beiträge nun laut vor. Bitten Sie die Teilnehmenden um Rückmeldungen zu den Plakaten.

FAQ: Die häufigsten Teilnehmerfragen in unseren Mediationsausbildungen

Teilnehmerfrage: Ist es nicht heikel, Negatives zu betonen, wenn die Stimmung sowieso mies ist?

Antwort: In der Lösungsphase einer Konfliktvermittlung fühlen sich die Teilnehmenden besser als am Anfang. Die „Kopfstandmethode“ bringt Humor in die Mediation und hebt die

Stimmung weiter an. Den Teilnehmenden ist klar, was es bedeutet, wenn sich der Konflikt weiter verschärft. Die Kopfstandmethode nutzt diese „Ressource“ und ermöglicht einen Blick aus der Metaperspektive auf das eigene Konfliktverhalten.

Teilnehmerfrage: Arbeiten die Teilnehmer anschließend nur mit den „Realos“ weiter?

Antwort: Nein. Alle drei Fragestellungen nehmen Einfluss auf die Ausarbeitung der Vereinbarungen.

Teilnehmerfrage: Wie werden die „guten Ideen“ aus dem Ideenpool ausgesiebt?

Antwort: Bei der Methode „Visionäre, Zweifler und Realos“ wird nicht über die Qualität der Ideen abgestimmt. Stattdessen erhalten die Teilnehmenden im nächsten Schritt die Gelegenheit, ihre Umsetzungsvorschläge in eine konkrete Abmachung zu übertragen. Die Vorschläge von den Teilnehmenden werden überarbeitet, ergänzt und gelegentlich auch wieder verworfen.

Teilnehmerfrage: Ist nicht manchmal strittig, ob eine Idee eine Vision bleiben oder in einen Maßnahmenplan umgeschrieben werden soll?

Antwort: Solche Diskussionen gibt es immer wieder. Es ist Verhandlungssache des Teams, sich für oder gegen die Umsetzung einer Idee zu entscheiden. Das Mediationsteam kann daran erinnern, dass Visionen auch zu einem späteren Zeitpunkt noch umgesetzt werden können. Geben Sie den Teilnehmenden die Ideensammlung nach Abschluss der Mediation einfach mit.

Kuchenstücke

Bei der „Kuchenstück-Methode" überlegen sich die Teilnehmenden konkrete Verhaltensweisen, die sie zukünftig an den Tag legen wollen, um den Konflikt zu lösen und die Vereinbarungen zu sichern. Zusammen genommen ergeben die „Kuchenstücke" den „Lösungskuchen".

Schneiden Sie einen möglichst großen Kreis aus einem Flipchart-Papier und teilen Sie den Kreis in so viele „Kuchenstücke", wie Teilnehmende anwesend sind (bei größeren Gruppen ab acht Personen empfehlen wir Ihnen, den Kreis aus einem Pinnwandbogen auszuschneiden). Schreiben Sie auf jedes Kuchenstück mit einem Moderationsmarker den Satzanfang: „Ich …" Damit verdeutlichen Sie, dass es bei dieser Methode um eigene Beiträge zur Konfliktlösung geht.

Schicken Sie die Gruppe in eine Einzelarbeit, in deren Rahmen die Konfliktparteien auf ihr jeweiliges Kuchenstück notieren, was sie zukünftig dazu beitragen wollen, um z.B. eine neue Qualität der Zusammenarbeit zu sichern. Geben Sie der Gruppe dafür ausreichend Zeit.

Wenn die Teilnehmer wieder in den Kreis zurückkehren, stellt jeder Einzelne seinen Beitrag zum Ganzen vor. In unserem Film „Landesbüro Verband für Sozialarbeit" präsentieren die Teilnehmenden ihre Kuchenstücke an der Pinnwand, während das Moderationsteam die Ergebnisse zu einem Kreis festnadelt. Alternativ: Jeder legt sein Kuchenstück in die Mitte auf den Boden.

Die Methode „Kuchenstücke" eignet sich besonders gut für Beziehungsthemen. Die ganzheitliche Symbolik und die Beschäftigung mit der Selbstverantwortung machen die Notwendigkeit deutlich, dass alle etwas beitragen, damit eine neue Qualität der Zusammenarbeit gelingen kann.

FAQ: Die häufigsten Teilnehmerfragen in unseren Mediationsausbildungen

Teilnehmerfrage: Wie bekommt man spontan eine „amtliche" Kuchenform hin?

Antwort: Unterschätzen Sie die Vorbereitungszeit der „Kuchenstück-Methode" nicht. Die Arbeit beginnt tatsächlich mit einem formschönen Kreis, den Sie am besten mit einer Nadel (in die Mitte), einem Stück Paketband (als Maß und Zirkel) und einem Bleistift hinbekommen. Schwierig ist die Kuchenstückunterteilung bei ungeraden Teilnehmerzahlen wie 5, 7 oder 11.

Hier ist Ihr Augenmaß gefordert. Umranden Sie die Kuchenstücke nach dem Ausschneiden mit einem schwarzen Moderationsmarker – dann wirken sie optisch stabiler.
Teilnehmerfrage: Was kann ich tun, damit die eigenen Beiträge möglichst konkret ausfallen?
Antwort: Liefern Sie den Konfliktparteien ein Beispiel, das den Unterschied zwischen „allgemeinen Ideen" und „konkreten Vorschlägen" verdeutlicht: Kuchenstück 1 könnte zum Beispiel heißen: „Ich ... werde demnächst öfter mit den anderen reden". Ihr dazugehöriger Vorschlag könnte lauten: „Ich ... nehme ab sofort am wöchentlichen Jour fixe teil und bringe mich beim Austausch ein."
Teilnehmerfrage: Erhält das Mediationsteam auch ein Kuchenstück?
Antwort: Nein. Das Mediationsteam ist für die Methode, nicht für die Inhalte verantwortlich.

15. | Phase 5: Vereinbarungen treffen

Die Mediation hat nun die Zielgerade erreicht. Von der Qualität der Vereinbarungen, die jetzt fixiert werden, hängt die Nachhaltigkeit der Konfliktlösung ab. Als Kriterien für eine gute Lösung gelten: Die Lösungen müssen (1) realistisch sein und (2) die Bedürfnisse der Beteiligten, die in Phase drei („Die Sichtweisen darstellen und erhellen") erarbeitet wurden, möglichst umfassend erfüllen.

Formen einer Abschlussvereinbarung

Abschlussvereinbarungen einer Mediation können sehr unterschiedliche Formen haben. Häufig werden Sie formlos auf einem Flipchart-Plakat notiert. Handelt es sich bei der Konfliktlösung um viele Einzelmaßnahmen, eignet sich ein „Aktionsplan", der nicht nur die Lösungsinhalte, sondern darüber hinaus die für die Umsetzung verantwortlichen Personen und den Zeitplan festhält. Generell gilt: Je konkreter und klarer eine Abmachung ist, desto umfassender wird sie eingehalten.

Soll die Abschlussvereinbarung optisch einem Vertrag ähnlich sehen, können Sie mit Ihrem Laptop ein „Computerprotokoll" schreiben und ausdrucken. Diese Vorgehensweise erleichtert das anschließende Verschicken des Protokolls als Textdatei. Abschlussvereinbarungen auf Flipchart-Papier werden anschließend fotografiert und per E-Mail an alle Teilnehmenden verschickt.

Rechtliche Hinweise

Im Rahmen von Wirtschafts-, Ehe- und Umweltmediationen etc. werden Abmachungen oft Anwaltsmediatoren übergeben, die aus der Mediationsvereinbarung einen rechtsgültigen Vertrag machen. Mediatoren ohne juristischen Grundberuf dürfen keine Rechtsberatung geben. Hierzulande dürfen nur Richter, Notare, Rechtsanwälte, Rechtsbeistände, Steuerberater und Patentanwälte oder – unentgeltlich – Personen in „familiärer, nachbarschaftlicher oder ähnlich enger persönlicher Beziehung" zur Streitpartei eine Rechtsberatung durchführen.

Gleichzeitig gilt in Deutschland die sogenannte Vertragsfreiheit. Die Streitparteien können Verträge schließen, die sowohl hinsichtlich des Vertragspartners als auch des Vertragsgegenstandes frei bestimmt werden dürfen, solange sie nicht gegen die „guten Sitten", gesetzliche Verbote oder zwingende Vorschriften des geltenden Rechts verstoßen. Wenn Mediatoren, die über keine Erlaubnis zur Rechtsberatung verfügen, auf rechtliche Regelungsvorschläge verzichten, sind Abmachungen und Verträge zwischen den Streitparteien zulässig.

FAQ: Die häufigsten Teilnehmerfragen in unseren Mediationsausbildungen

Teilnehmerfrage: Soll das „gute Ende" einer Mediation auf irgendeine Art gefeiert werden?

Antwort: Sämtliche Dokumente, egal ob auf Flipchart oder auf Druckerpapier, können in einem feierlichen Akt unterschrieben oder per Handschlag besiegelt werden. Manchmal wird zu diesem Anlass auch mit einem Glas Sekt angestoßen oder ein anderes feierliches Ritual durchgeführt.

Computerprotokoll

Ein „Computerprotokoll" bietet in vielerlei Hinsicht einen Mehrwert gegenüber der klassischen Flipchart-Notiz. Alle Vereinbarungen werden als Textdatei in einem Computer gespeichert. Sie können das Dokument per Beamer an die Wand projizieren, einen Ausdruck an die Teilnehmenden verteilen oder per E-Mail verschicken.

Für ein „Computerprotokoll" brauchen Sie eine besonders gründliche Vorbereitung. Nichts ist unangenehmer als technische Probleme am Ende eines langen Verhandlungstages. Bereiten Sie in einer Pause das nötige technische Equipment vor. Bei der optimalen Variante verfügen Sie über einen Laptop, einen Beamer, Verbindungskabel, Stromanschlüsse, einen Drucker und einen Kopierer. Starten Sie alle notwendigen Programme und führen Sie einen Funktionstest durch.

Lassen Sie sich von den Teilnehmenden die einzelnen Punkte der Vereinbarung in ein Dokument diktieren. Es zahlt sich aus, wenn Sie eine Dokumentvorlage vorbereitet haben, in der Überschriften, Teilnehmernamen, Datum und Abmachungen bereits ansprechend vorformatiert sind.

Der Vorgang der Dokumentation wirkt besonders transparent, wenn ihn die Teilnehmenden auf einer Leinwand mitverfolgen können. Für einfache Abmachungen benutzen Sie einen Fließtext, für komplexe Absprachen eine Tabelle (siehe „Aktionsplan").

Lesen Sie das Gesamtdokument abschließend vor. Geben Sie den Teilnehmern Zeit, es zu prüfen und Korrekturwünsche zu äußern. Drucken Sie das Dokument aus und bitten Sie die Teilnehmer, den Text noch ein zweites Mal in Ruhe zu lesen und anschließend zu unterschreiben. Das fertige Memorandum wird kopiert und an alle Beteiligten verteilt.

FAQ: Die häufigsten Teilnehmerfragen in unseren Mediationsausbildungen

Teilnehmerfrage: Nicht immer steht eine optimale Computerausstattung zur Verfügung. Funktioniert ein „Computerprotokoll" auch ohne Drucker, Kopierer oder Beamer?

Antwort: Die Mindestausstattung für ein „Computerprotokoll" ist ein Laptop. Wenn Sie über keinen Beamer verfügen, können Sie das „Computerprotokoll" Punkt für Punkt laut vorlesen und gemeinsam mit den Teilnehmern prüfen. Anschließend verschicken Sie das Textdokument per E-Mail an die Teilnehmenden und bitten sie um Freigabe.

Teilnehmerfrage: Welche Art von Computer und welche Programme eignen sich am besten?

Antwort: Für ein „Computerprotokoll" eignet sich jeder Gerätetyp und jedes Programm, das die Aufgabe erfüllt. Eventuell müssen Sie mit brandneuen Erfindungen vorsichtig sein, deren technische Standards nicht zu älteren technischen Systemen passen (zum Beispiel bei Schnittstellen, kabelloser Übertragung oder Programmkompatibilität).

Teilnehmerfrage: Welche klassischen Pannen hat das „Computerprotokoll" zu bieten?

Antwort: Wenn Sie das Zwischenspeichern vergessen haben, kann ein Computerabsturz zu Ärger führen. Ein anderer Klassiker ist der leere Akku am Laptop. Ohne Verlängerungskabel müssen Sie eventuell von einem ungünstigen Platz aus arbeiten. Wer mit aufwendiger Technik arbeitet, kann sich eine Checkliste schreiben und seine Kabel durchnummerieren.

Aktionsplan

Der „Aktionsplan“ ist eine sehr verbindliche Form der Vereinbarung, weil er zu jeder Maßnahme die Details der Aufgabe, die Terminierung und die Verantwortlichkeiten festhält. Dabei entsteht eine „To-Do-Liste“, die nach der Mediation von den Konfliktparteien schrittweise abgearbeitet wird. Der „Aktionsplan“ eignet sich für Gruppen, die viele Themen bearbeitet haben und möglichst konkrete Vereinbarungen dazu treffen wollen. Die Gruppe nimmt aus der Mediation eine hohe Transparenz mit.

Zeichnen Sie eine Tabelle auf eine Stellwand, die die Überschrift „Aktionsplan“ trägt. Die Tabelle erhält Spalten mit den Überschriften „Wer?“, „Was?“, „Wann?“ und „Bemerkungen“.

Bitten Sie die Teilnehmenden nun, Ihnen Vorschläge zur Formulierung der Vereinbarungen zuzurufen. Unser Film „Das Beraternetzwerk“ zeigt, wie der Mediator jeden Vorschlag zusammenfasst und die Gruppe um ihr Einverständnis oder Korrekturen bittet. Hat die Gruppe einen Konsens gefunden, wird der Vorschlag im Wortlaut in die Tabelle übertragen.

Gehen Sie die Aufzeichnungen zu den Lösungsideen aus Phase vier Punkt für Punkt durch, bis zu möglichst allen Ideen konkrete Maßnahmen beschlossen worden sind bzw. sich diese in den Maßnahmen wiederfinden (nicht jede Idee mündet in eine Maßnahme).

Der „Aktionsplan“ kann abschließend von den Teilnehmenden unterschrieben werden. Durch die Unterschrift dokumentieren sie, dass sie sich verpflichten, den Plan einzuhalten.

FAQ: Die häufigsten Teilnehmerfragen in unseren Mediationsausbildungen

Teilnehmerfrage: Kann das Mediationsteam die Spaltenüberschriften den jeweiligen Anforderungen der Gruppe anpassen oder sind diese Formulierungen eine feste Regel?

Antwort: Die Überschriften „Wer?“, „Was?“, „Wann?“ und „Bemerkungen“ haben sich bewährt. In bestimmten Kontexten benutzen wir jedoch auch die Spalten „Bis wann?“, „Material“, „Wo?“ oder „Info an ...“, um den Informationsfluss bei komplexen Aufgaben festzulegen. Lassen Sie sich nicht davon irritieren, dass wir in unserem Film „Das Beraternetz“ ausführlichere Überschriften in einer anderen Reihenfolge benutzt haben. Wir passen die Länge der Überschriften den Platzverhältnissen an und achten vor allem auf inhaltliche Vollständigkeit.

Teilnehmerfrage: Führen bei solchen Moderationsformen nicht immer dieselben Personen das Wort? Hat das Einfluss auf die Einhaltung der Vereinbarungen?
Antwort: Wenn Sie die Beteiligung aller Anwesenden sicherstellen wollen, können Sie bei dieser Methode Kleingruppen bilden. Die Gruppenmitglieder teilen die Aufgaben unter sich auf und erarbeiten provisorische Aktionspläne, die später im Plenum vorgestellt und diskutiert werden.
Teilnehmerfrage: Sind die Teilnehmer am Ende einer Mediation noch dazu bereit, sich auf die Suche nach Details zu einer Vereinbarung einzulassen?
Antwort: Zunehmende Müdigkeit erschwert die Suche nach Vereinbarungsdetails. Machen Sie vor der Aufgabe den Wert konkreter Vereinbarungen deutlich. Es ist Ihre Aufgabe als Mediator, Vereinbarungen kritisch zu hinterfragen. Haken Sie immer wieder nach, wie sich allgemeine Formulierungsvorschläge weiter konkretisieren lassen. Zu viele Details können wiederum zu Unübersichtlichkeit führen. Die Gruppe weiß letztlich am besten, wie viel Genauigkeit sie braucht, damit Aufgaben wirklich umgesetzt werden.

Vereinbarungen auf Zuruf und Unterschrift unter die Vereinbarungen

Bei der Methode „Vereinbarungen auf Zuruf“ sammelt das Mediationsteam Vorschläge für die Abschlussvereinbarung. Notieren Sie die Fragestellung vorab auf einem Flipchart-Poster. In unserem Film „Der neue Messeauftritt“ benutzt der Mediator das Leitthema „Vereinbarungen“ als Überschrift. Erläutern Sie der Gruppe danach die wichtigsten Spielregeln einer „Vereinbarung auf Zuruf“:

- Die Teilnehmenden können sich bunt durcheinander äußern.
- Auf Wortmeldungsrituale (Arm heben etc.) darf verzichtet werden.
- Zeit für Rückfragen und Diskussionen erhalten die Teilnehmer erst im Anschluss an das Sammeln.

Das Mediationsteam notiert alle Vorschläge, die von den Streitparteien geäußert werden. Es achtet darauf, dass keine Idee verloren geht und auch weniger deutliche Wortmeldungen gehört werden. Das Mediationsteam kann dabei seine Arbeit aufteilen: Ein Mediator moderiert, während der andere mitschreibt.

Anschließend werden die Vorschläge für die Abschlussvereinbarung noch einmal durchgegangen und bewertet. Unklare Formulierungen werden korrigiert und präzisiert. Besteht Einigkeit über die Vollständigkeit und Richtigkeit der Vereinbarungen, können die Teilnehmer die Abmachungen mit ihrer Unterschrift besiegeln.

FAQ: Die häufigsten Teilnehmerfragen in unseren Mediationsausbildungen

Teilnehmerfrage: Wie umfangreich sollen die Notizen zu der Vereinbarung sein?

Antwort: Formulieren Sie die Vereinbarungen so konkret wie nötig. Wir bevorzugen eine Dokumentation in ganzen Sätzen. Stichworte bieten zu viel Interpretationsspielraum. Oft wird vergessen, „Wer?“ und „Wann?“ zu erwähnen.

Teilnehmerfrage: Unterschreibt auch das Mediationsteam die Vereinbarungen?

Antwort: Nein! Das Mediationsteam ist weder für die Inhalte der Vereinbarung noch für deren Umsetzung verantwortlich. Mediatoren sind auch keine Zeugen. Unser Film „Der neue Messeauftritt“ zeigt, wie die Mediatoren auf ihren Plätzen sitzen bleiben, während die Konfliktparteien ihre Unterschriften unter die Abmachungen setzen.

Teilnehmerfrage: Was geschieht mit der Papierwand, auf der diese Vereinbarungen stehen? Wird es noch einmal als „Computerprotokoll" abgetippt?
Antwort: Wir geben das Flipchart-Poster oder Pinwand-Papier mit den Abmachungen den Konfliktparteien mit nach Hause. Vorher fotografieren wir es für ein Fotoprotokoll. Alle Beteiligten erhalten das Fotoprotokoll in Form einer PDF- oder Grafik-Datei via E-Mail.
Teilnehmerfrage: Was konkret bringt die Unterschrift unter die Abmachungen?
Antwort: Die Vereinbarungen zu unterschreiben ist ein symbolischer Akt. Die Teilnehmenden versichern sich ihrer Absicht, die Vereinbarungen umzusetzen. Das kurze Zeremoniell wird von den Teilnehmenden als versöhnlicher und feierlicher Abschluss der Veranstaltung empfunden.

Stimmungsabfrage mit Symbolen und Abreise: Koffer, Papierkorb, Edelstein

Am Ende einer Mediation möchte das Mediationsteam erfahren, wie die Stimmung in der Gruppe ist und wie der Klärungsprozess empfunden wurde. Für die Streitparteien ist es eine angenehme Erfahrung, im geschützten Rahmen der Mediation noch einmal offen und ehrlich über ihre Eindrücke und Befindlichkeiten sprechen zu können.

Abreise: Koffer, Papierkorb, Edelstein

Bei dieser Methode stellen oder legen Sie einen Koffer (zum Beispiel einen geschlossenen Moderationskoffer), einen Papierkorb und einen mitgebrachten Schmuck- oder Edelstein in die Mitte des Raumes. Fragen Sie jeden einzelnen Teilnehmer, wie es ihm am Ende des Tages (bei mehrtägigen Veranstaltungen „am Ende des Prozesses") geht. Bitten Sie die Teilnehmer, ihre Gefühle über die drei Symbole Koffer, Papierkorb und Edelstein auszudrücken.

- „Der Koffer steht für das, was Ihnen gefallen hat. Er steht für Dinge, die Sie wichtig finden und die Sie mitnehmen möchten."
- „Der Papierkorb symbolisiert alles, was Sie gerne hierlassen möchten. Dazu zählt vielleicht eine Verhaltensweise, die Sie jetzt ablegen möchten. Vielleicht gab es auch eine Moderationsmethode, bei der Sie sich unwohl gefühlt haben."
- „Der Edelstein verkörpert etwas, das für Sie ganz besonders wichtig gewesen ist. Was war das Highlight des Tages (bzw. des Prozesses) für Sie?"

Stimmungsabfrage mit Symbolen

Bei der „Stimmungsabfrage mit Symbolen“ reicht das Mediationsteam Symbole von Hand zu Hand und lädt jeden dazu ein, frei zu erzählen, wie es ihm zum Abschluss der Mediation geht. Unser Film „Landesbüro Verband für Sozialarbeit“ zeigt, wie die Mediatorin bunte Glasperlen herumreicht, die durch ihre verschiedenen Farben für die unterschiedlichen Persönlichkeiten im Team stehen.

FAQ: Die häufigsten Teilnehmerfragen in unseren Mediationsausbildungen

Teilnehmerfrage: Welche Symbole werden noch gebraucht – und wo bekomme ich diese her?

Antwort: Viele Mediatoren tragen eine ganze Sammlung kleiner Symbole in ihrem Moderationskoffer bei sich, die sie je nach Stimmung einsetzen. Statt Glasperlen können Sie genauso gut Bälle mit unterschiedlichen Smiley-Gesichtern, ein Barometer mit Sonne, Wolken und Blitz, Zündhölzer oder viele andere symbolische Gegenstände für eine Stimmungsabfrage benutzen. Wenn Sie keine Symbole zur Hand haben, nutzen Sie eine Visualisierung auf dem Flipchart (siehe Grafik).

Teilnehmerfrage: Erzählen die Mediatoren auch von ihrer Stimmung?

Antwort: Das Mediationsteam gibt keine Kommentare zum Ergebnis ab. Es antwortet genau genommen nicht auf die selbst gestellte Frage. Allerdings kann es der Gruppe aus seiner Perspektive Feedback geben, sich über das Ergebnis mitfreuen und sich für das gezeigte Vertrauen bedanken.

Verabschiedung durch das Mediationsteam

Am Ende der Konfliktvermittlung dankt das Mediationsteam den Teilnehmern für das entgegengebrachte Vertrauen und die Zusammenarbeit. Es würdigt die erreichten Ziele und gratuliert den Konfliktparteien zu ihrem Ergebnis.

Das Mediationsteam wünscht der Gruppe viel Erfolg bei der Umsetzung der Vereinbarungen und einen guten Heimweg. Unsere Filme „Das Beraternetzwerk", „Landesbüro Verband für Sozialarbeit" und „Der neue Messeauftritt" zeigen unterschiedliche Varianten der Verabschiedung.

Im Film „Das Beraternetzwerk" bietet das Mediationsteam den Streitparteien weiteren Kontakt für den Fall an, dass im Nachgang Fragen auftauchen oder zusätzliche Vereinbarungen notwendig werden. Achten Sie darauf, dass ein solches Angebot nicht als „Verkaufsveranstaltung" für zusätzliche Dienstleistungen ankommt. Für die Teilnehmer kann es jedoch eine neue und wichtige Information sein, dass das Verfahren der Mediation eine Fortsetzung nicht prinzipiell ausschließt.

FAQ: Die häufigsten Teilnehmerfragen in unseren Mediationsausbildungen

Teilnehmerfrage: Ist Smalltalk nach einer offiziellen Verabschiedung noch zulässig?

Antwort: Dazu gibt es unter Mediatoren geteilte Meinungen. Wir stehen auf dem Standpunkt, dass nichts gegen einen Smalltalk mit der gesamten Gruppe spricht. Auch die Teilnahme an einer gemeinsamen Feier (zum Beispiel in Form eines abschließenden Essens) halten wir für keinen Tabubruch. Voraussetzung ist allerdings immer, dass die Gespräche nicht mit Einzelpersonen stattfinden, sodass Parteilichkeit unterstellt werden könnte. Die Gespräche nach Abschluss einer Mediation sollten sich auch auf keinen Fall auf Themen zum Mediationsinhalt beziehen.

Teilnehmerfrage: Fasse ich die Ergebnisse bei der Verabschiedung noch einmal zusammen?

Antwort: Nein. Die Zusammenfassung der Vereinbarungsergebnisse findet bereits in der fünften Phase der Mediation („Vereinbarungen treffen") statt. Bei der Verabschiedung ist eine Wiederholung nicht notwendig.

Teilnehmerfrage: Wie geht es nach dem Mediationsende weiter?

Antwort: Je nach Mediationsvereinbarung findet nach einigen Wochen oder Monaten ein Nachgespräch zur Mediation statt. Die Konfliktparteien sind in den Alltag zurückgekehrt und die Vereinbarungen haben ihre ersten Belastungsproben überstanden. Ein solches Nachtreffen kann die Gelegenheit bieten, die Vereinbarungen noch einmal nachzujustieren. Eventuell wird in der Nachbesprechung gewürdigt und gefeiert, dass die Ergebnisse funktionieren. Die Teilnehmenden haben die Gelegenheit, Ihnen ein abschließendes Feedback zu geben.

Weiterführende Literaturhinweise

Bähner, Christian; Oboth, Monika & Schmidt, Jörg (2008): *Praxisbox Konfliktklärung in Teams & Gruppen. Praktische Anleitung und Methoden zur Mediation in Gruppen.* Paderborn: Junfermann.

Ballreich, Rudi & Glasl, Fritz (2010): *Konfliktbearbeitung mit Teams und Organisationen. Ein Lehrfilm zur Team- und Organisationsmediation.* 5 DVDs + Übungsbuch. Stuttgart: Concadora.

Bauer, Joachim (2008): *Prinzip Menschlichkeit. Warum wir von Natur aus kooperieren.* München: Heyne.

Brüggemeier, Beate (2020): *Wertschätzende Kommunikation im Business. Wer sich öffnet, kommt weiter. Wie Sie die Gewaltfreie Kommunikation im Berufsalltag nutzen.* Paderborn: Junfermann, 5. Aufl.

Ekman, Paul (2017): *Gefühle lesen. Wie Sie Emotionen erkennen und richtig interpretieren.* Heidelberg: Spektrum, 2. Aufl.

Experts Group Wirtschaftsmediatoren (Hrsg.) (2006): *Management by Wirtschaftsmediation. Konflikte wirtschaftlicher lösen – mehr Motivation durch mediatives Führen.* Wien: Wirtschaftskammer Österreich.

Fisher, Roger; Ury, William & Patton, Bruce (2013): *Das Harvard-Konzept. Der Klassiker der Verhandlungstechnik.* Frankfurt am Main: Campus, 24., überarb. Aufl.

Fritsch, Gerlinde Ruth (2010): *Der Gefühls- und Bedürfnisnavigator. Gefühle und Bedürfnisse wahrnehmen. Eine Orientierungshilfe für Psychosomatik- und Psychotherapiepatienten.* Paderborn: Junfermann.

Haft, Frietjof & Schlieffen, Katharina von (Hrsg.) (2009): *Handbuch Mediation. Verhandlungstechnik, Strategien, Einsatzgebiete.* München: Beck.

Knapp, Peter (Hrsg.) (2019): *Verhandlungs-Tools. Effiziente Verhandlungstechniken im Business-Alltag.* Bonn: managerSeminare, 2. Aufl.

Knapp, Peter (Hrsg.) (2020): *Konflikte lösen in Teams und großen Gruppen. Klärende und deeskalierende Methoden für die Mediations- und Konfliktmanagement-Praxis im Business.* Bonn: managerSeminare, 3. Aufl.

Knapp, Peter (Hrsg.) (2021): *Konfliktlösungs-Tools. Klärende und deeskalierende Methoden für die Mediations- und Konfliktmanagement-Praxis.* Bonn: managerSeminare, 7. Aufl.

Kruth, Oliver & Schmidt, Jörg (2021): *FlipBox. Mit professionellen Flipcharts Lern- und Dialogprozesse unterstützen.* Paderborn: Junfermann.

Lindemann, Gabriele & Heim, Vera (2016): *Erfolgsfaktor Menschlichkeit. Wertschätzend führen – wirksam kommunizieren.* Paderborn: Junfermann, 3., überarb. Aufl.

Neuland (2009): *bikablo 2.0. Neue Bilder für Training, Meeting und Learning.* Eichenzell: Neuland

Oboth, Monika & Seils, Gabriele (2008): *Mediation in Gruppen und Teams. Praxis- und Methodenhandbuch. Konfliktklärung in Gruppen, inspiriert durch die Gewaltfreie Kommunikation.* Paderborn: Junfermann.

Proksch, Stephan (Hrsg.) (2004): D*as Ende der Eiszeit: Konfliktmanagement und Mediation in Unternehmen.* Wien: Wirtschaftskammer Österreich.

Püttjer, Christian & Schnierda Uwe (2001): *Optimal präsentieren. So überzeugen Sie mit Körpersprache.* Frankfurt am Main: Campus.

Rachow, Axel (2016): Sichtbar. *Die besten Visualisierungs-Tipps für Präsentation und Training.* Köln: managerSeminare, 6. Aufl.

Rosenberg, Marshall B. (2016): *Gewaltfreie Kommunikation.* Paderborn: Junfermann, 12., überar. Aufl.

Schmidt, Jörg (2016): *Einfach visualisieren. Ein Praxistraining am Flipchart. Mit DVD.* Paderborn: Junfermann.

Ulrich, Stephan (2017): *Menschen visualisieren. Einfach zeichnen – alles darstellen.* Paderborn: Junfermann, 4. überarb. Aufl.

Weckert, Al & Oboth, Monika (2014): *Mediation für Dummies.* Weinheim: Wiley, 2., überarb. Aufl.

Weckert, Al & Oboth, Monika (2017): *Der Tanz auf dem Vulkan. Gewaltfreie Kommunikation & Neurobiologie in Konfliktsituationen.* Paderborn: Junfermann, 2., überarb. Aufl.

Weckert, Al (2016): *Grundlagenseminar Gewaltfreie Kommunikation. Übungen und Praxistipps für Trainer und Neueinsteiger. Mit DVD.* Paderborn: Junfermann.

Hinweise zu den Video-Tutorials

Zu diesem Buch gehören drei Filme mit konkreten Mediationsbeispielen:

1. „Das Beraternetzwerk“ (23 Min.) – Mediationsteam: Christian Bähner & Al Weckert
2. „Landesbüro Verband für Sozialarbeit“ (22 Min.) – Mediationsteam: Monika Oboth & Jörg Schmidt
3. „Der neue Messeauftritt“ (23 Min.) – Mediationsteam: Christian Bähner & Jörg Schmidt

Die Filme stehen Ihnen kostenlos online zur Verfügung. Nutzen Sie dafür den untenstehenden QR-Code.

Auf der Seite, auf die Sie dann gelangen, müssen Sie lediglich ein Passwort anlegen und eine E-Mail-Adresse eingeben.

Hinweise zur digitalen Nutzung der Flipchart-Vorlagen

Sie möchten für Ihre nächste Mediation Methoden aus dem Buch anwenden und auch Visualisierungen dafür nutzen?

- Sie möchten ein Flipchart aus dem Buch 1:1 nutzen, haben aber keine Zeit, es selbst zu erstellen?
- Sie möchten eine oder mehrere Vorlagen auf Papier bringen – und vielleicht kleine Änderungen vornehmen?
- Sie möchten eine der Vorlagen in eine digitale Präsentation oder ein Handout einbauen?

All das ermöglicht Ihnen **YourFlip**. Mit diesem Online-Tool können Sie die Vorlagen und Motive aus dem Buch digital nutzen, sie adaptieren und auch direkt über unseren Druckpartner ausdrucken und sie sich per Post zuschicken lassen.

Über den QR-Code gelangen Sie in einen exklusiven Bereich, in dem Sie YourFlip kostenlos zur Bearbeitung aller im Buch gezeigten Flipcharts einsetzen können.

Viel Spaß beim Visualisieren!

Natürlich bietet die Plattform noch mehr Möglichkeiten. In einer großen Bibliothek finden Sie viele weitere Templates und Motive. Für deren Nutzung benötigen Sie ein (Test-)Abo.

Informationen zu Funktionen und Kosten erhalten Sie unter ↗ https://www.yourflip.de

Entdecken Sie die Welt der Visualisierung in **YourFlip**. In nur wenigen Minuten ein individuelles Flipchart erstellen.

Zu den Autoren

Al Weckert ist Experte für Gewaltfreie Kommunikation (GFK) in großen Unternehmen und Organisationen. Er hat bereits über 1.000 Trainings und Ausbildungen für GFK und Mediation geleitet. Bei Junfermann ist sein Online-Training „Grundlagen der Gewaltfreien Kommunikation" erschienen. ↗ www.empathie.com

Jörg Schmidt hat sich nach vielen Jahren als Mediator und Ausbilder für Mediation ganz auf das Thema Visualisierung spezialisiert. Mit seiner Firma „einfach visualisieren" führt er Trainings und Workshops für Unternehmen und Organisationen durch. ↗ www.einfach-visualisieren.com

Christian Bähner ist Organisationsberater, Coach, Mediator BM® und Ausbilder BM®. Er vermittelt bei innerbetrieblichen Konflikten auf allen Hierarchieebenen und begleitet Unternehmen beim Aufbau nachhaltiger Strukturen für einen produktiven Umgang mit Konflikten (Konfliktmanagementsysteme). ↗ www.zweisicht.de

Monika Oboth ist Systemaufstellerin und Life Coach mit Schwerpunkten Hochsensibilität, Selbstliebe und Burnout-Resilienz; zertifizierte Trainerin für Gewaltfreie Kommunikation® nach Marshall Rosenberg. ↗ www.monika-oboth-coaching.de

Flipchart-Gestaltung leicht gemacht

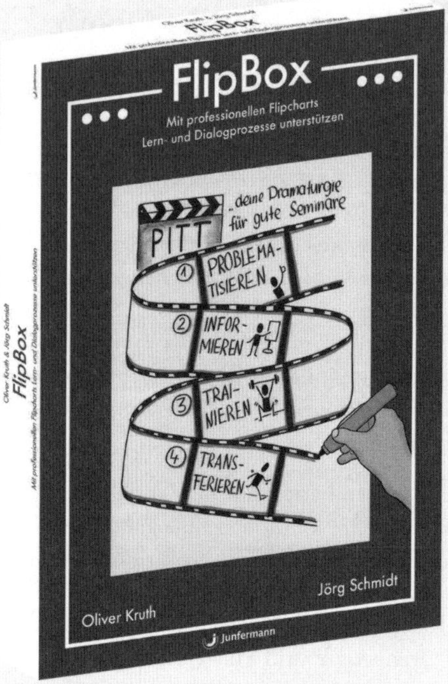

Oliver Kruth & Jörg Schmidt

FlipBox

Mit professionellen Flipcharts Lern- und Dialogprozesse unterstützen

Visualisierungen unterstützen Lern- und Dialogprozesse. Gerade für das gemeinsame Erarbeiten in Workshops ist das Flipchart bestens geeignet, um Beiträge zu visualisieren. Bilder und Motive, die ad hoc im Dialog entstehen, regen an, mitzudiskutieren und mitzudenken.

In der Box gibt es eine große Auswahl an Flipchart-Vorlagen. Für die unterschiedlichsten Phasen von Workshops lassen sich schnell die passenden Motive finden und einfach abmalen. Tipps und Schritt-für-Schritt Anleitungen unterstützen bei der Umsetzung und erweitern die eigenen Visualisierungsfähigkeiten.

- Einfacher Einstieg in die Entwicklung und Umsetzung von Bildideen
- Tipps und Anleitungen für die Verbesserung der eigenen Visualisierungsfähigkeiten
- Alle Flipcharts und Motive auch als digitale Vorlagen.

169 S., Kartenset in stabiler Box • € (D) 45,00 • ISBN 978-3-7495-0257-8

Oliver Kruth ist Trainer und Moderator mit einem Fokus auf visuellen und spielerischen Methoden für nachhaltige Workshops und Seminare.

Jörg Schmidt ist Dipl.-Pädagoge mit dem Schwerpunkt Weiterbildung, Mediator, Ausbilder für Mediation, Trainer für Visualisierung und Konfliktmanagement, Illustrator von Fachliteratur.

Jörg Schmidt
Einfach visualisieren

Mit diesem Buch und der beiliegenden DVD nehmen Sie direkt an einem Visualisierungs-Training teil. Schritt für Schritt erleben Sie, wie aus einzelnen Strichen Motive entstehen, aus einfachen Grundformen Gegenstände, Symbole und Figuren werden. Lernen Sie, komplexe Inhalte auf dem Flipchart attraktiv und strukturiert darzustellen. Mehr als 260 Motive!

112 S., kart., mit DVD • € (D) 25,00 • ISBN 978-3-95571-569-4 • Auch als E-Book erhältlich

www.junfermann.de